COURS DE LA FACULTÉ DES SCIENCES DE PARIS
PUBLIÉS PAR L'ASSOCIATION AMICALE DES ÉLÈVES ET ANCIENS ÉLÈVES
DE LA FACULTÉ DES SCIENCES

COURS DE PHYSIQUE MATHÉMATIQUE

THÉORIE MATHÉMATIQUE
DE
LA LUMIÈRE

II

Nouvelles études sur la Diffraction. — Théorie de la dispersion de Helmholtz

Leçons professées pendant le premier semestre 1891-1892

PAR

H. POINCARÉ, MEMBRE DE L'INSTITUT

RÉDIGÉES PAR

M. LAMOTTE et D. HURMUZESCU
Licenciés ès sciences

PARIS

GEORGES CARRÉ, ÉDITEUR

58, RUE SAINT-ANDRÉ-DES-ARTS, 58

1892

COURS DE PHYSIQUE MATHÉMATIQUE

THÉORIE MATHÉMATIQUE

DE

LA LUMIÈRE

TOURS. — IMPRIMERIE DESLIS FRÈRES

COURS DE LA FACULTÉ DES SCIENCES DE PARIS
PUBLIÉS PAR L'ASSOCIATION AMICALE DES ÉLÈVES ET ANCIENS ÉLÈVES
DE LA FACULTÉ DES SCIENCES

COURS DE PHYSIQUE MATHÉMATIQUE

THÉORIE MATHÉMATIQUE

DE

LA LUMIÈRE

II

Nouvelles études sur la Diffraction. — Théorie de la dispersion de Helmholtz

Leçons professées pendant le premier semestre 1891-1892

PAR

H. POINCARÉ, MEMBRE DE L'INSTITUT

RÉDIGÉES PAR

M. LAMOTTE et D. HURMUZESCU
Licenciés ès sciences

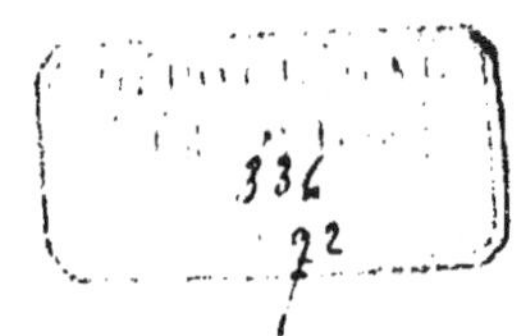

PARIS

GEORGES CARRÉ, ÉDITEUR
58, RUE SAINT-ANDRÉ-DES-ARTS, 58

1892

INTRODUCTION

La théorie de la Lumière a été l'objet de mon enseignement dans le semestre d'hiver 1891-92 ; j'avais traité le même sujet quelques années auparavant dans des leçons qui ont été publiées par les soins de l'*Association amicale des élèves et anciens élèves de la Faculté des sciences de Paris*.

Mais en revenant, après quatre ans, à l'étude de l'Optique, j'ai eu à traiter un grand nombre de matières nouvelles que le défaut de temps m'avait autrefois contraint à laisser de côté. Je ne citerai que la théorie de Helmholtz, sur la dispersion dont je n'avais pu dire qu'un mot en passant.

D'autre part, dans cet intervalle, la science a progressé, et bien des points de vue se sont modifiés. C'est ainsi, par exemple, que la théorie électromagnétique de Maxwell a conquis une place qu'on lui contestait encore il y a quelques années. Il est difficile aujourd'hui de parler d'Optique en la passant sous silence.

J'ai donc été conduit à traduire dans ce nouveau langage ce qu'avaient dit en d'autres termes les fondateurs de la théorie ondulatoire. Je ne me suis pas proposé de comparer ces deux doctrines afin de choisir entre elles. En ce qui concerne les phénomènes optiques, ce que la première explique, la seconde en rend également bien compte; il ne peut d'ailleurs en être autrement. C'est dans le domaine des électricités qu'est le seul champ de bataille possible entre les champions des deux théories.

J'ai voulu seulement mettre le lecteur à même de manier avec la même facilité deux instruments qui peuvent être également utiles pour coordonner convenablement la multitude des faits observés.

J'ai eu également à revenir sur le problème de la diffraction dont je m'étais déjà longuement occupé et que je suis loin d'avoir épuisé.

MM. Lamotte et Hurmuzescu, qui ont bien voulu rédiger mes leçons, ont donc pu, en élaguant autant que possible tout ce qui aurait fait double emploi, réunir la matière d'un second volume de la *Théorie mathématique de la lumière*. Je tiens à leur exprimer ici mes sincères remercîments.

CHAPITRE PREMIER

THÉORIE ÉLASTIQUE DE LA LUMIÈRE

1. Mouvement de l'éther. — Cette théorie attribue les phénomènes lumineux aux vibrations d'un milieu élastique, l'éther, répandu dans tout l'espace, même dans le vide.

Soit une molécule d'éther qui, dans l'état d'équilibre, occupe la position M : par suite de la vibration, elle viendra occuper une position telle que M′. Le vecteur MM′ s'appelle le déplacement de la molécule. Si x, y, z désignent les coordonnées du point M, $x + \xi$, $y + \eta$, $z + \zeta$ celles du point M′, les projections du déplacement sur les trois axes de coordonnées seront ξ, η, ζ.

Les composantes de la vitesse de la molécule suivant les mêmes axes seront :

$$\frac{d\xi}{dt}, \qquad \frac{d\eta}{dt}, \qquad \frac{d\zeta}{dt},$$

et les composantes de l'accélération

$$\frac{d^2\xi}{dt^2}, \qquad \frac{d^2\eta}{dt^2}, \qquad \frac{d^2\zeta}{dt^2}.$$

Considérons (*fig.* 1) un petit parallélipipède ABCDEFGH rectangle dont les arêtes soient parallèles aux axes et aient respectivement pour longueur dx, dy, dz : le volume de ce parallélipipède sera : $d\tau = dx\,dy\,dz$. Pendant la vibration,

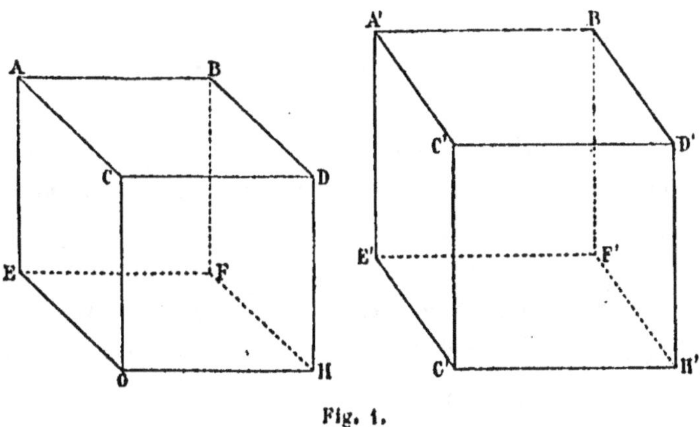

Fig. 1.

ce parallélipipède se déplace et prend une position telle que A'B'C'D'E'F'G'H', il devient un parallélipipède curviligne, qui peut être assimilé, en négligeant des infiniment petits du second ordre à un parallélipipède rectiligne, mais oblique.

Posons :

$$\alpha_1 = \frac{d\xi}{dx}, \qquad \alpha_2 = \frac{d\eta}{dy}, \qquad \alpha_3 = \frac{d\zeta}{dz}$$

$$\beta_1 = \frac{d\eta}{dz} + \frac{d\zeta}{dy}; \qquad \beta_2 = \frac{d\zeta}{dx} + \frac{d\xi}{dz}; \qquad \beta_3 = \frac{d\xi}{dy} + \frac{d\eta}{dx}.$$

On démontre (voir le *Cours d'élasticité*, page 7) que les longueurs des arêtes du parallélipipède deviennent

$$dx\,(1 + \alpha_1) \qquad dy\,(1 + \alpha_2) \qquad dz\,(1 + \alpha_3)$$

Pour cette raison α_1, α_2, α_3 s'appellent les dilatations linéaires.

Les trois angles du trièdre A, qui étaient tous trois égaux à $\frac{\pi}{2}$, deviennent respectivement dans le trièdre A'

$$\frac{\pi}{2} + \beta_1, \qquad \frac{\pi}{2} + \beta_2, \qquad \frac{\pi}{2} + \beta_3.$$

β_1, β_2, β_3 s'appellent les dilatations angulaires.

Quant à la diagonale AH, elle devient A'H', et sa longueur est fonction des six dilatations.

2. Force vive de l'éther. — Soit T la force vive ou énergie cinétique de l'éther. Nous avons comme expression du carré de la vitesse :

$$V^2 = \left(\frac{d\xi}{dt}\right)^2 + \left(\frac{d\eta}{dt}\right)^2 + \left(\frac{d\zeta}{dt}\right)^2.$$

La masse du petit parallélipipède est $\rho d\tau$, ρ étant la densité de l'éther. Par conséquent

$$T = \sum \frac{mv^2}{2} = \frac{1}{2} \int \rho d\tau \left[\left(\frac{d\xi}{dt}\right)^2 + \left(\frac{d\eta}{dt}\right)^2 + \left(\frac{d\zeta}{dt}\right)^2\right].$$

3. Énergie potentielle de l'éther. — On a démontré, dans le *Cours d'élasticité*, page 43, § 26 et suiv., que l'énergie potentielle avait une expression de la forme :

$$U = \int W d\tau.$$

W étant un polynôme du second degré par rapport aux neuf dérivées partielles du premier ordre de ξ, η, ζ.

Si nous supposons que le milieu est isotrope et que dans l'état d'équilibre la pression est nulle, nous obtiendrons :

$$W = \mu \left(\alpha_1^2 + \alpha_2^2 + \alpha_3^2 + \frac{\beta_1^2}{2} + \frac{\beta_2^2}{2} + \frac{\beta_3^2}{2} \right) + \lambda \frac{\theta^2}{2}.$$

λ et μ sont les coefficients de Lamé ; θ est défini par l'égalité

$$\theta = \alpha_1 + \alpha_2 + \alpha_3 = \frac{d\xi}{dx} + \frac{d\eta}{dy} + \frac{d\zeta}{dz}.$$

On démontre qu'un élément de volume $d\tau$ devient après la déformation

$$d\tau \,(1 + \theta),$$

d'où le nom de dilatation cubique donné à θ.

4. Valeur des forces. — Reprenons le parallélipipède ABCDEFGH, et considérons en particulier la face ACEG per-

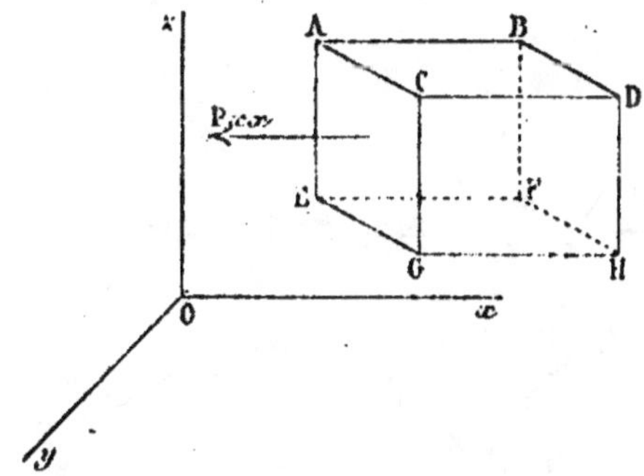

Fig. 2.

pendiculaire à Ox (*fig.* 2) : l'aire de cette face est égale à $dy\,dz$. Nous appellerons

$$P_{xx}, \qquad P_{xy}, \qquad P_{xz}$$

les composantes suivant les axes de la pression qui s'exerce sur cette face par unité d'aire, et nous conviendrons de regarder les tensions comme positives, les pressions comme négatives.

Les composantes de la pression qui s'exerce sur la face ACEG seront donc :

$$P_{xx}dydz, \qquad P_{xy}dydz, \qquad P_{xz}dydz.$$

On aura de même pour la face ABEF perpendiculaire à Oy :

$$P_{yx}dxdz, \qquad P_{yy}dxdz, \qquad P_{yz}dxdz,$$

et pour la face EFGH perpendiculaire à Oz :

$$P_{zx}dxdy, \qquad P_{zy}dxdy, \qquad P_{zz}dxdy.$$

D'après la théorie de l'élasticité :

$$P_{xy} = P_{yx}$$
$$P_{yz} = P_{zy}$$
$$P_{zx} = P_{xz}$$

et

$$P_{xx} = \frac{dW}{dx_1} = \lambda\theta\,\frac{d\theta}{dx_1} + 2\mu x_1 = \lambda\theta + 2\mu x_1 = \lambda\theta + 2\mu\,\frac{d\xi}{dx}$$

$$P_{yy} = \lambda\theta + 2\mu\,\frac{d\eta}{dy}$$

$$P_{zz} = \lambda\theta + 2\mu\,\frac{d\zeta}{dz}$$

$$P_{xy} = \mu\beta_3 = \mu\left(\frac{d\xi}{dy} + \frac{d\eta}{dx}\right)$$

5. Équations du mouvement. — En écrivant que la force d'inertie fait équilibre aux forces qui agissent sur l'élément $d\tau$, nous obtiendrons les équations du mouvement :

$$\rho\, dx\,dy\,dz \cdot \frac{d^2\xi}{dt^2} = -\,\mathrm{P}_{xx}dy\,dz + \left(\mathrm{P}_{xx} + \frac{d\mathrm{P}_{xx}}{dx}\,dx\right)dy\,dz$$

$$-\,\mathrm{P}_{xy}dz\,dx + \left(\mathrm{P}_{xy} + \frac{d\mathrm{P}_{xy}}{dy}\,dy\right)dy\,dx$$

$$-\,\mathrm{P}_{xz}dx\,dy + \left(\mathrm{P}_{xz} + \frac{d\mathrm{P}_{xz}}{dx}\,dz\right)dx\,dy$$

ou :

$$(1) \qquad \rho\frac{d^2\zeta}{dt^2} = \frac{d\mathrm{P}_{xx}}{dx} + \frac{d\mathrm{P}_{xy}}{dy} + \frac{d\mathrm{P}_{xz}}{dz}$$

et deux autres qu'on obtiendrait par permutation.

D'autre part :

$$\mathrm{P}_{xx} = \mu\frac{d\xi}{dx} + \mu\frac{d\xi}{dx} + \lambda\theta$$

$$\mathrm{P}_{xy} = \mu\frac{d\xi}{dy} + \mu\frac{d\eta}{dx}$$

$$\mathrm{P}_{xz} = \mu\frac{d\xi}{dz} + \mu\frac{d\zeta}{dx}$$

Substituons ces expressions dans l'équation (1), il vient :

$$\rho\frac{d^2\xi}{dt^2} = \mu\Delta\xi + \mu\frac{d\theta}{dx} + \lambda\frac{d\theta}{dx}.$$

Les équations du mouvement seront donc :

$$\rho\frac{d^2\xi}{dt^2} = \mu\Delta\xi + (\lambda + \mu)\frac{d\theta}{dx}$$

$$(I) \qquad \rho\frac{d^2\eta}{dt^2} = \mu\Delta\eta + (\lambda + \mu)\frac{d\theta}{dy}$$

$$\rho\frac{d^2\zeta}{dt^2} = \mu\Delta\zeta + (\lambda + \mu)\frac{d\theta}{dz}.$$

6. Ondes planes. — Dans les cas des ondes planes, ξ et η ne dépendent que de z et de t. Par suite :

$$\Delta\xi = \frac{d^2\xi}{dz^2} \qquad \Delta\eta = \frac{d^2\eta}{dz^2} \qquad 0 = \frac{d\zeta}{dz} \qquad \Delta\zeta = \frac{d^2\zeta}{dz^2}.$$

Les dérivées prises par rapport à x et à y sont nulles et les équations du mouvement se réduisent à :

$$\rho\,\frac{d^2\xi}{dt^2} = \mu\,\frac{d^2\xi}{dz^2}$$

$$\rho\,\frac{d^2\eta}{dt^2} = \mu\,\frac{d^2\eta}{dz^2}$$

$$\rho\,\frac{d^2\zeta}{dt^2} = \mu\,\frac{d^2\zeta}{dz^2} + (\lambda + \mu)\,\frac{d^2\zeta}{dz^2} = (\lambda + 2\mu)\,\frac{d^2\zeta}{dz^2}.$$

Ces équations sont celles des cordes vibrantes.

Supposons que le déplacement soit parallèle à Ox :

$$\eta = \zeta = 0 \qquad \xi \neq 0.$$

Le plan d'onde est parallèle au plan des xy. La vibration est transversale.

Il reste donc seulement l'équation

$$\rho\,\frac{d^2\xi}{dt^2} = \mu\,\frac{d^2\xi}{dz^2}.$$

Cette équation a pour intégrale :

$$\xi = f\left(z + t\sqrt{\frac{\mu}{\rho}}\right) + f_1\left(z - t\sqrt{\frac{\mu}{\rho}}\right)$$

f et f_1 étant des fonctions arbitraires. Cette onde se propage avec la vitesse $\sqrt{\dfrac{\mu}{\rho}}$.

Nous aurions obtenu un résultat tout à fait analogue en supposant le déplacement parallèle à Oy.

Si le déplacement est parallèle à Oz, l'équation

$$\rho \frac{d^2\zeta}{dt^2} = (\lambda + 2\mu) \frac{d^2\zeta}{dz^2}$$

subsiste seule. L'intégrale

$$\zeta = f\left(z + t\sqrt{\frac{\lambda + 2\mu}{\rho}}\right) + f_1\left(z - t\sqrt{\frac{\lambda + 2\mu}{\rho}}\right)$$

représente une vibration longitudinale, puisque le déplacement est perpendiculaire au plan d'onde, et la vitesse de propagation est $\sqrt{\dfrac{\lambda + 2\mu}{\rho}}$.

L'expérience nous apprend que les vibrations lumineuses sont transversales. En effet, dans les divers phénomènes de réflexion ou de réfraction, on retrouve toute la force vive du rayon incident dans les rayons à vibrations transversales. S'il existait des rayons à vibrations longitudinales, ils absorberaient une partie de cette force vive.

Nous admettrons donc qu'il n'existe pas de vibration longitudinale dans le rayon lumineux et par suite que :

$$\lambda + 2\mu = 0.$$

7. Intensité lumineuse. Définition expérimentale. — Pour pouvoir comparer à l'expérience les conséquences des équations, il est indispensable de bien définir la quantité qu'on mesure dans les expériences, c'est-à-dire l'intensité lumineuse.

Il faut même donner de cette intensité deux définitions,

l'une expérimentale, et l'autre théorique; car nous voulons comparer la théorie à l'expérience, et, pour que cette comparaison soit possible, il faut bien en définir les deux termes.

Expérimentalement l'intensité se mesure à l'aide de trois sortes de phénomènes : 1° les effets physiologiques ; 2° les effets chimiques (photographiques) ; 3° les effets calorifiques de la lumière. A chacune de ces classes de phénomènes correspond une définition de l'intensité. Il n'est pas évident *a priori* que ces trois définitions sont équivalentes, et de fait il n'en est rien. Nous savons par exemple que l'intensité de l'action chimique d'un rayon varie avec sa couleur. Lorsqu'il s'agit de comparer deux rayons homogènes de même couleur, il est possible que l'effet physiologique soit proportionnel à l'effet chimique et il paraît bien en être ainsi dans le cas d'une onde plane ; mais dans les cas plus délicats, comme dans les expériences récentes de M. Otto Wiener, un seul mode d'évaluation est possible, c'est celui qui est fondé sur la photographie.

Nous sommes maîtres cependant d'adopter l'une de ces définitions et d'en examiner les conséquences.

Nous conviendrons donc de dire que deux lumières ont une égale intensité quand elles produisent dans le même temps la même action sur une plaque photographique ; qu'une lumière a une intensité plus grande ou plus petite qu'une autre suivant que, dans le même temps, elle produit sur une plaque sensible une action plus grande ou plus petite que cette autre.

Cette définition est purement expérimentale.

8. Définition théorique. — Au point de vue théorique,

on a regardé souvent l'intensité comme proportionnelle à la force vive moyenne ou énergie cinétique de l'éther.

Cette force vive de l'éther, pour l'élément de volume $d\tau$, est égale à :

$$\rho\, d\tau .\, \frac{v^2}{2}$$

soit par unité de masse $\dfrac{v^2}{2}$.

Supposons, par exemple, que la vibration soit rectiligne et prenons la direction de vibration au point considéré pour axe des x, alors :

$$\eta = \zeta = 0 \qquad\qquad v = \frac{d\xi}{dt}$$

la force vive sera :

$$\frac{1}{2}\left(\frac{d\xi}{dt}\right)^2$$

et l'intensité sera proportionnelle à la valeur moyenne de cette expression.

Le mouvement étant périodique, nous pouvons poser :

$$\xi = A \sin 2\pi \frac{t}{T}$$

en choisissant comme origine du temps l'instant où $\xi = 0$; T est la période ; ξ a pour maximum A en valeur absolue ; A est l'amplitude.

$$\frac{d\xi}{dt} = A \frac{2\pi}{T} \cos 2\pi \frac{t}{T}.$$

L'intensité sera donc proportionnelle à :

$$\frac{1}{T}\int_0^T \frac{A^2}{2}\frac{4\pi^2}{T^2}\cos^2 2\pi\frac{t}{T}\,dt = \frac{A^2}{2}\frac{4\pi^2}{T^2}.$$

elle est donc proportionnelle au carré de l'amplitude A.

Il n'est nullement évident que l'on définisse ainsi la même chose que par la définition expérimentale. Nous sommes tout aussi bien en droit de supposer que l'action photographique est proportionnelle, non pas à l'énergie cinétique moyenne, mais à l'énergie potentielle ou à l'énergie totale moyenne.

9. Ces diverses définitions de l'intensité, équivalentes dans certains cas, comme nous allons le voir, correspondent à des façons différentes d'envisager le mécanisme de l'action photographique.

Considérons en effet les molécules d'éther qui, dans leur position d'équilibre, occupent une sphère infiniment petite O. Lorsque l'éther entrera en vibration, le centre de gravité de la sphère oscillera de part et d'autre de O, et en même temps la sphère se déformera : elle prendra une forme assimilable à

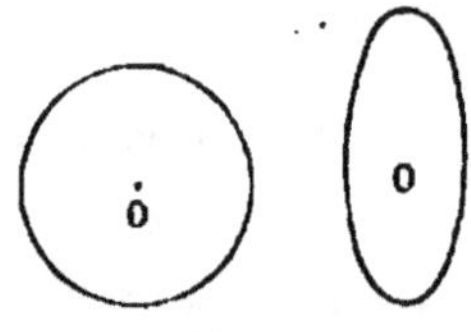

Fig. 3.

celle d'un ellipsoïde O' (*fig.* 3) ; les axes de cet ellipsoïde exécuteront aussi une série d'oscillations.

L'intensité dépend-elle de l'amplitude des oscillations de O, ou est-elle en relation avec l'amplitude des oscillations des axes de l'ellipsoïde ? Nous ne le savons pas.

Si nous admettons que l'intensité est proportionnelle à la force vive moyenne, comme les composantes de la vitesse sont

$\frac{d\xi}{dt}, \frac{d\eta}{dt}, \frac{d\zeta}{dt}$ l'intensité dépendra de la variation de ξ, η, ζ avec le temps, c'est-à-dire du déplacement du point O. Admettons au contraire que l'intensité est proportionnelle à l'énergie potentielle moyenne $\int W d\tau$; W dépend des dilatations α et β ; ou bien encore des axes de l'ellipsoïde (Cf. *Théorie de l'Elasticité*, page 9) ; l'intensité dépendrait alors de l'amplitude des déformations de la sphère, autrement dit des variations périodiques qu'éprouve la distance de deux molécules, lesquelles variations sont fonctions des α et des β.

Nous ignorons la nature des actions chimiques dont les plaques photographiques sont le siège. Sans doute les atomes matériels correspondants éprouvent le même déplacement et on pourrait être tenté de raisonner comme il suit :

Supposons que le déplacement du point O soit considérable, et les déformations de l'ellipsoïde très petites. Notre sphère sera soumise seulement à un mouvement de translation ; la distance de deux molécules d'éther demeurera invariable pendant la vibration, et il en sera de même de la distance de deux atomes matériels puisque nous avons supposé que le déplacement de l'éther est le même que celui de la matière pondérable. Dans cette hypothèse on comprend difficilement la dislocation de la molécule chimique. Il ne pourrait donc y avoir d'action chimique, quelque grand que soit le déplacement du point O, quand l'ellipsoïde ne se déformerait pas. On conclurait donc que l'intensité dépend des variations des α et des β, et non pas de celles de ξ, η, ζ.

Mais cette manière de voir ne s'impose pas.

Rien n'empêche de supposer que le déplacement de l'éther et celui de l'atome matériel sont seulement proportionnels, le coefficient de proportionnalité variant d'un atome à l'autre, et on arriverait à une conclusion inverse.

Dans le premier ordre d'idées, l'intensité serait proportionnelle à l'énergie potentielle moyenne ; dans le second cas, à la force vive moyenne.

Mais, répétons-le, aucune de ces hypothèses ne s'impose nécessairement.

D'ailleurs, dans la plupart des cas, et ce sont justement les seuls que, jusqu'à ces dernières années, nous ayons réussi à réaliser dans la pratique, les deux définitions sont équivalentes, c'est quand il s'agit d'ondes planes.

10. Ondes planes. — Prenons le plan de l'onde comme plan des xy.

ξ, η, ζ seront fonctions de z et de t seulement. Si la vibration est transversale, nous aurons :

$$\zeta = 0$$

$$\xi = f\left(z - t\sqrt{\frac{\mu}{\rho}}\right) + f_1\left(z + t\sqrt{\frac{\mu}{\rho}}\right)$$

$$\eta = \varphi\left(z - t\sqrt{\frac{\mu}{\rho}}\right) + \varphi_1\left(z + t\sqrt{\frac{\mu}{\rho}}\right).$$

Le premier terme dans chacune de ces expressions représente une perturbation se propageant vers les z positifs.

Le second, une perturbation se propageant vers les z négatifs. Nous supposerons qu'une seule de ces perturbations existe, sans quoi il y aurait interférence, et nos raisonnements ne seraient plus valables.

Nous poserons donc :

$$\xi = f\left(z - t\sqrt{\frac{\mu}{\rho}}\right)$$

$$\eta = \varphi\left(z - t\sqrt{\frac{\mu}{\rho}}\right),$$

par suite :

$$\frac{d\xi}{dz} = f' \qquad \frac{d\eta}{dz} = \varphi'$$

$$\frac{d\xi}{dt} = -f'\sqrt{\frac{\mu}{\rho}} = -\frac{d\xi}{dz}\sqrt{\frac{\mu}{\rho}}$$

$$\frac{d\eta}{dt} = -\varphi'\sqrt{\frac{\mu}{\rho}} = -\frac{d\eta}{dz}\sqrt{\frac{\mu}{\rho}}.$$

L'intensité définie par l'énergie cinétique moyenne est proportionnelle à la valeur moyenne de

$$\left(\frac{d\xi}{dt}\right)^2 + \left(\frac{d\eta}{dt}\right)^2.$$

Calculons maintenant l'énergie potentielle W en considérant l'énergie localisée dans un élément de volume $d\tau$ et la rapportant à l'unité de volume:

$$W = \mu\left(\alpha_1^2 + \alpha_2^2 + \alpha_3^2 + \frac{\beta_1^2}{2} + \frac{\beta_2^2}{2} + \frac{\beta_3^2}{2}\right) + \lambda\frac{\theta^2}{2}.$$

Dans le cas actuel toutes les dérivées prises par rapport à x et à y sont nulles, de plus $\zeta = 0$, ainsi que toutes ses dérivées. Donc :

$$\alpha_1 = \alpha_2 = \alpha_3 = 0 \qquad\qquad \theta = 0 \qquad\qquad \beta_3 = 0$$

$$\beta_1 = \frac{d\eta}{dz} \qquad\qquad \beta_2 = \frac{d\xi}{dz}$$

$$W = \frac{\mu}{2}\left[\left(\frac{d\eta}{dz}\right)^2 + \left(\frac{d\xi}{dz}\right)^2\right].$$

Puisque $\dfrac{d\eta}{dt}$ et $\dfrac{d\xi}{dt}$ sont proportionnels à $\dfrac{d\eta}{dz}$ et $\dfrac{d\xi}{dz}$, les intensités données par les deux définitions sont donc proportionnelles.

11. Autres formes des équations du mouvement. —

Nous avons trouvé pour représenter le mouvement de l'éther les équations :

$$\rho \frac{d^2\xi}{dt^2} = \mu\Delta\xi + (\lambda + \mu)\frac{d\theta}{dx}.$$

Pour que les vibrations longitudinales aient une vitesse constamment nulle, il faut que

$$\lambda + 2\mu = 0.$$

Introduisons cette condition, et les équations deviennent :

$$(\text{II}) \qquad \left. \begin{aligned} \rho \frac{d^2\xi}{dt^2} &= \mu\left(\Delta\xi - \frac{d\theta}{dx}\right) \\[2mm] \rho \frac{d^2\eta}{dt^2} &= \mu\left(\Delta\eta - \frac{d\theta}{dy}\right) \\[2mm] \rho \frac{d^2\zeta}{dt^2} &= \mu\left(\Delta\zeta - \frac{d\theta}{dz}\right) \end{aligned} \right\}$$

Si les vibrations sont transversales, on a à l'origine du temps,

$$\theta = 0 \qquad\qquad \frac{d\theta}{dt} = 0$$

et θ reste nul à une époque quelconque. En effet, différencions les équations (2) par rapport à x, y, z et ajoutons, il vient :

$$\rho \frac{d^2\theta}{dt^2} = \mu \left(\Delta\theta - \Delta\theta\right) = 0$$

$$\frac{d^2\theta}{dt^2} = 0$$

$$\theta = A + Bt$$

A et B étant indépendants du temps. Si donc on a pour $t = 0$

$$\theta = 0 \text{ et } \frac{d\theta}{dt} = 0,$$

θ est identiquement nul. C'est ordinairement ce qu'on suppose et les équations du mouvement prennent alors la forme :

$$\text{(III)} \qquad \left. \begin{aligned} \rho \frac{d^2\xi}{dt^2} &= \mu\Delta\xi \\[1em] \rho \frac{d^2\eta}{dt^2} &= \mu\Delta\eta \\[1em] \rho \frac{d^2\zeta}{dt^2} &= \mu\Delta\zeta \end{aligned} \right\}$$

Posons :

$$\text{(IV)} \qquad \frac{1}{\mu} \frac{du}{dt} = \frac{d\zeta}{dy} - \frac{d\eta}{dz}$$

Cette relation ne définit u qu'à une constante près, nous supposerons que pour $t = 0$ on a :

$$\xi = \eta = 0 \qquad \frac{du}{dt} = 0.$$

Nous poserons de même :

$$\text{(IV)} \qquad \begin{aligned} \frac{1}{\mu} \frac{dv}{dt} &= \frac{d\xi}{dz} - \frac{d\zeta}{dx} \\[1em] \frac{1}{\mu} \frac{dw}{dt} &= \frac{d\eta}{dx} - \frac{d\zeta}{dy} \end{aligned}$$

Formons l'expression :

$$\frac{d^2w}{dydt} - \frac{d^2v}{dzdt}$$

$$\frac{d^2w}{dydt} = \mu\left(\frac{d^2\eta}{d.xdy} - \frac{d^2\xi}{dy^2}\right)$$

$$-\frac{d^2v}{dzdt} = \mu\left(\frac{d^2\zeta}{dxdz} - \frac{d^2\xi}{dz^2}\right)$$

$$0 = \mu\left(\frac{d^2\xi}{dv^2} - \frac{d^2\xi}{dx^2}\right).$$

Additionnons membre à membre :

$$\frac{d^2w}{dydt} - \frac{d^2v}{dzdt} = \mu\left(\frac{d\theta}{dx} - \Delta\xi\right).$$

Donc :

$$\rho\frac{d^2\xi}{dt^2} = -\left(\frac{d^2w}{dydt} - \frac{d^2v}{dzdt}\right).$$

Intégrons par rapport à t :

$$\rho\frac{d\xi}{dt} = -\left(\frac{dw}{dy} - \frac{dv}{dz}\right).$$

D'après l'hypothèse que nous avons faite sur les conditions initiales, la constante d'intégration est nulle.

Les équations du mouvement pourront donc être mises sous la forme :

$$(\mathrm{V}) \qquad
\left.\begin{aligned}
\rho\frac{d\xi}{dt} &= -\left(\frac{dw}{dy} - \frac{dv}{dz}\right) \\[2mm]
\rho\frac{d\eta}{dt} &= -\left(\frac{du}{dz} - \frac{dw}{dx}\right) \\[2mm]
\rho\frac{d\zeta}{dt} &= -\left(\frac{dv}{dx} - \frac{du}{dy}\right)
\end{aligned}\right\}$$

Sous cette forme, on voit qu'elles ne changent pas quand on permute

$$\xi, \eta, \zeta \text{ en } u, v, w \; ; \; u, v, w \text{ en } -\xi, -\eta, -\zeta \; ; \; \rho \text{ en } \frac{1}{\mu} \text{ et } \mu \text{ en } \frac{1}{\rho}.$$

Effectuons en effet cette permutation sur la première des équations, qui définit u, il vient :

$$-\rho \frac{d\xi}{dt} = \frac{dw}{dy} - \frac{dv}{dz},$$

et en l'effectuant sur la première des équations (IV), nous obtiendrons :

$$\frac{1}{\mu} \frac{du}{dt} = \frac{d\zeta}{dy} - \frac{d\eta}{dz}.$$

Ces équations ne donnent qu'une première approximation dans les milieux transparents ordinaires, à cause des phénomènes de dispersion : elles présentent une plus grande exactitude dans le vide.

CHAPITRE II

THÉORIE ÉLECTROMAGNÉTIQUE DE LA LUMIÈRE COMPARAISON DE CETTE THÉORIE AVEC LA THÉORIE ÉLASTIQUE

12. J'emploierai dans tout ce qui va suivre les notations de Maxwell, que je rappelle succinctement, en renvoyant pour plus de détails à l'ouvrage même du savant anglais et à mon traité intitulé *Électricité et Optique*.

Nous considérerons d'abord la *force magnétique*, dont Maxwell désigne les composantes par α, β, γ. Ensuite l'*induction magnétique* dont les composantes sont a, b, c (Cf. *Électricité et Optique*, tome I, pages 110 et suiv.),

On a, s'il n'y a pas de force coercitive :

$$a = \mu\alpha$$
$$b = \mu\beta$$
$$c = \mu\gamma,$$

μ étant le coefficient de perméabilité magnétique du milieu.

Dans le vide $\mu = 1$. Dans les corps diamagnétiques, on a $\mu < 1$, et dans les corps magnétiques $\mu > 1$. Mais dans la plupart des corps, sauf le fer, le nickel, le cobalt, μ est extrêmement voisin de 1.

Les expériences de Hertz paraissent démontrer d'ailleurs, que, dans le cas des courants oscillant avec une extrême rapidité, l'induction n'a pas le temps de se produire et que tout se passe comme si μ était égal à 1. La théorie électromagnétique suppose précisément que les phénomènes lumineux sont dus à de semblables courants alternatifs, ayant même période que les vibrations de l'éther. Ces périodes sont environ 10^5 fois plus courtes que celles des courants observés par Hertz.

18. Maxwell admet qu'il existe non seulement des courants de conduction comme ceux qui se propagent dans les corps bons conducteurs, mais aussi des courants de déplacement se produisant dans les diélectriques et même dans le vide.

L'intensité i du courant peut être regardée comme la vitesse de l'électricité; $\int i dt$ représente le *déplacement*. La résistance d'un diélectrique croît, d'après Maxwell, avec le déplacement ; il s'ensuit que les courants de déplacement ne peuvent être que des courants alternatifs extrêmement rapides.

Soient u, v, w les composantes du courant total ;

p, q, r les composantes du courant d'induction ;

$\dfrac{df}{dt}$, $\dfrac{dg}{dt}$, $\dfrac{dh}{dt}$, celles du courant de déplacement.

f, g, h seront les composantes du déplacement électrique.

En général :

$$(1) \qquad \left. \begin{aligned} u &= p + \frac{df}{dt} \\[1em] v &= q + \frac{dg}{dt} \\[1em] w &= r + \frac{dh}{dt} \end{aligned} \right\}$$

Mais dans les diélectriques, comme il n'y a pas de conduction : $p = q = r = 0$, et

$$(2) \qquad \left. \begin{aligned} u &= \frac{df}{dt} \\[1ex] v &= \frac{dg}{dt} \\[1ex] w &= \frac{dh}{dt}. \end{aligned} \right\}$$

Les composantes du courant sont liées aux composantes de la force magnétique par les relations :

$$(3) \qquad \left. \begin{aligned} 4\pi u &= \frac{d\gamma}{dy} - \frac{d\beta}{dz} \\[1ex] 4\pi u &= \frac{d\alpha}{dz} - \frac{d\gamma}{dx} \\[1ex] 4\pi w &= \frac{d\beta}{dx} - \frac{d\alpha}{dy} \end{aligned} \right\}$$

La force électromotrice qui s'exerce en un point quelconque a pour composantes X, Y, Z.

$$(4) \qquad \left. \begin{aligned} X &= -\frac{dF}{dt} - \frac{d\varphi}{dx} \\[1ex] Y &= -\frac{dG}{dt} - \frac{d\varphi}{dy} \\[1ex] Z &= -\frac{dH}{dt} - \frac{d\varphi}{dz} \end{aligned} \right\}$$

φ est le potentiel électrostatique. F, G, H sont les composantes de ce que Maxwell appelle *potentiel vecteur*. $-\dfrac{dF}{dt}, -\dfrac{dG}{dt}, -\dfrac{dH}{dt}$ sont les composantes de la force due à

l'induction de tous les courants qui existent dans le champ.
On définit aussi quelquefois le potentiel vecteur comme il
suit : F, G, H sont les composantes de la force électromotrice
d'induction que produirait la suppression brusque de tous les
courants existant dans le champ.

On admet, sans qu'aucune expérience sérieuse l'ait vérifiée,
la relation :

$$\frac{dF}{dx} + \frac{dG}{dy} + \frac{dH}{dz} = 0$$

On démontre en outre que :

$$(5) \qquad \begin{aligned} a &= \mu\alpha = \frac{dH}{dy} - \frac{dG}{dz} \\[2mm] b &= \mu\beta = \frac{dF}{dz} - \frac{dH}{dx} \\[2mm] c &= \mu\gamma = \frac{dG}{dx} - \frac{dF}{dy} \end{aligned} \Bigg\}$$

Dans un conducteur les courants de conduction satisfont
aux relations :

$$p = CX, \text{ etc.}$$

Ce coefficient C est la conductibilité du milieu ; ces courants de conduction sont donc proportionnels à la force
électromotrice.

Pour les courants de déplacement, on a :

$$4\pi f = KX.$$

K est le pouvoir inducteur spécifique du milieu ; le courant de déplacement est donc proportionnel à $\frac{dX}{dt}$; c'est ce qui explique sa courte durée, car il s'annule dès que la force électromotrice devient constante.

Différencions la première des équations (5) par rapport à t.

$$\mu \frac{d\alpha}{dt} = \frac{d^2H}{dydt} - \frac{d^2G}{dzdt}$$

d'autre part :

$$\frac{d^2H}{dydt} + \frac{d^2\varphi}{dydz} = -\frac{dZ}{dy}$$

$$-\frac{d^2G}{dzdt} - \frac{d^2\varphi}{dydz} = \frac{dY}{dz}.$$

Additionnons ces trois équations membre à membre, il vient :

$$(6) \qquad \begin{cases} \mu \dfrac{d\alpha}{dt} = -\left(\dfrac{dZ}{dy} - \dfrac{dY}{dz}\right) \\[2mm] \mu \dfrac{d\beta}{dt} = -\left(\dfrac{dX}{dz} - \dfrac{dZ}{dx}\right) \\[2mm] \mu \dfrac{d\gamma}{dt} = -\left(\dfrac{dY}{dx} - \dfrac{dX}{dy}\right) \end{cases}$$

les deux dernières équations étant obtenues par permutation.

14. Il est possible de trouver encore une forme d'équations plus appropriée à la comparaison que nous avons en vue. Nous avons posé :

$$4\pi u = \frac{d\gamma}{dy} - \frac{d\beta}{dz}.$$

avec :

$$u = p + \frac{df}{dt} \qquad \text{et} \qquad 4\pi f = KX.$$

On en déduit :

$$(7) \qquad
\begin{aligned}
4\pi u = K\,\frac{dX}{dt} &= \frac{d\gamma}{dy} - \frac{d\beta}{dz} \\[4pt]
K\,\frac{dY}{dt} &= \frac{d\alpha}{dz} - \frac{d\gamma}{dx} \\[4pt]
K\,\frac{dZ}{dt} &= \frac{d\beta}{dx} - \frac{d\alpha}{dy}
\end{aligned}
\right\}$$

Cette forme a été employée par Hertz. Elle a l'avantage d'être symétrique et de ne contenir que deux quantités seulement : la force électromotrice (X, Y, Z) et la force magnétique (α, β, γ).

Nous avons trouvé dans la théorie élastique les équations :

$$(IV) \qquad \frac{1}{\mu}\,\frac{du}{dt} = \frac{d\zeta}{dy} - \frac{d\eta}{dz},\ \text{etc.}$$

$$(V) \qquad \rho\,\frac{d\zeta}{dt} = -\left(\frac{dw}{dy} - \frac{dv}{dz}\right),\ \text{etc.}$$

L'analogie de forme des deux systèmes est évidente, seulement il ne faut pas les comparer directement parce que l'expression de l'énergie ne se présente pas sous la même forme. Aussi, pour faire cette comparaison, nous modifierons les équations IV et V de la façon suivante.

Posons :

$$\zeta' = \frac{d\zeta}{dt} \cdots,\ \text{etc.}$$

$$u' = \frac{du}{dt} \cdots,\ \text{etc.}$$

Différencions les équations (IV) par rapport au temps ; il vient :

$$(8) \qquad \left.\begin{array}{l} \dfrac{1}{\mu}\dfrac{du'}{dt} = \dfrac{d\zeta'}{dy} - \dfrac{d\eta'}{dz} \\[2ex] \dfrac{1}{\mu}\dfrac{dv'}{dt} = \dfrac{d\xi'}{dz} - \dfrac{d\zeta'}{dx} \\[2ex] \dfrac{1}{\mu}\dfrac{dw'}{dt} = \dfrac{d\eta'}{dx} - \dfrac{d\xi'}{dy} \end{array}\right\}$$

15. Ces équations peuvent se comparer aux équations de la théorie électromagnétique de deux manières :

Premier mode de comparaison. — On peut passer du système électromagnétique au système élastique, en changeant chacune des quantités écrites en celle placée au dessous.

$$ K \quad X\,Y\,Z \quad \mu \quad \alpha \quad \beta \quad \gamma $$

en

$$ \rho \quad \xi',\,\eta',\,\zeta' \quad \frac{1}{\mu} \quad -u',\,-v',\,-w'. $$

Deuxième mode de comparaison. — Il faut changer

$$ K, \quad X,\,Y,\,Z \quad \mu \quad \alpha\,\beta\,\gamma $$

en

$$ \frac{1}{\mu} \quad u',\,v',\,w', \quad \rho \quad \xi'\,\eta'\,\zeta'. $$

Il s'agit maintenant d'interpréter ce résultat.

Dans la théorie électromagnétique on est conduit, nous verrons plus tard pour quelles raisons, à admettre que dans une oscillation lumineuse ou une oscillation hertzienne, la force électrique est perpendiculaire au plan de polarisation, tandis que la force magnétique est parallèle à ce plan.

16. La théorie électromagnétique est fondée sur des expériences assez certaines pour garder sa place, ce sont les théories élastiques qui doivent se concilier avec elle et n'en être qu'une traduction.

Or, dans le premier mode de comparaison, la force (X, Y, Z) perpendiculaire au plan de polarisation correspond à la vitesse (ξ', η', ζ') de la molécule d'éther ; la vibration serait dans ce cas perpendiculaire au plan de polarisation. Le pouvoir inducteur K correspond à la densité ρ de l'éther, cette densité ρ serait variable d'un corps à l'autre comme K ; nous avons vu qu'il était permis de regarder μ comme constant et égal à 1 : le coefficient d'élasticité de l'éther serait constant.

Cette interprétation est celle de Fresnel.

17. Dans le second mode, ξ', η', ζ', correspondent à (α, β, γ), c'est-à-dire que la vitesse correspond à la force magnétique qui est parallèle au plan de polarisation : le déplacement de l'éther serait donc aussi parallèle au plan de polarisation ; $\dfrac{1}{\mu}$ correspond à K et serait variable comme ; lui a correspond à $\dfrac{1}{\mu}$ et serait donc constant : donc la densité de l'éther serait constante, et son élasticité variable.

Cette interprétation est celle de Neumann.

18. Nous allons en particulier comparer l'expression de l'énergie donnée par la théorie de Fresnel et celle que donne la théorie électromagnétique.

D'après Fresnel, l'énergie se compose de l'énergie cinétique.

$$\int \frac{1}{2}\left(\xi'^2 + \eta'^2 + \zeta'^2\right) d\tau,$$

et de l'énergie potentielle $\int W d\tau$, en posant :

$$W = \alpha_1^2 + \alpha_2^2 + \alpha_3^2 + \frac{\beta_1^2}{2} + \frac{\beta_2^2}{2} + \frac{\beta_3^2}{2} - \theta^2,$$

en appliquant au cas actuel la formule donnée au n° 3 et remarquant que :

$$\mu = 1 \text{ et } \lambda + 2\mu = 0, \text{ ou } \lambda = -2.$$

puisqu'il s'agit d'ondes transversales.

L'énergie dans la théorie de Fresnel a donc pour expression :

$$\int \frac{\rho}{2} \left(\xi_1^2 + \eta_1^2 + \zeta_1^2 \right) d\tau + \int W d\tau.$$

Pour Maxwell elle se compose de l'énergie électrostatique, plus l'énergie magnétique, et elle a pour expression :

$$\int \frac{K}{8\pi} \left(X^2 + Y^2 + Z^2 \right) d\tau + \int \frac{1}{8\pi} \left(\alpha^2 + \beta^2 + \gamma^2 \right) d\tau.$$

Le premier terme, l'énergie électrostatique, est équivalent à l'énergie cinétique ; en effet traduisons-le en notations de la théorie élastique : il faut changer K, X, Y, Z en ρ, ξ', η', ζ', ce qui donne

$$\int \frac{\rho}{8\pi} \left(\xi'^2 + \eta'^2 + \zeta'^2 \right),$$

expression identique à celle de l'énergie cinétique au facteur numérique $\frac{1}{4\pi}$ près. Il n'y pas à s'inquiéter de ce facteur, car le système d'unités n'est pas le même dans les deux cas.

L'énergie magnétique est, de son côté, égale à l'énergie potentielle. En effet, faisons aussi la traduction.

$$\alpha = - u' = - \frac{du}{dt} = - \frac{1}{\mu}\frac{du}{dt} = - \left(\frac{d\zeta}{dy} - \frac{d\eta}{dz}\right),$$

puisque nous avons pris $\mu = 1$.

Posons :

$$V = \alpha^2 + \beta^2 + \gamma^2 = \left(\frac{d\zeta}{dy} - \frac{d\eta}{dz}\right)^2 + \left(\frac{d\xi}{dz} - \frac{d\zeta}{dx}\right)^2 + \left(\frac{d\eta}{dx} - \frac{d\xi}{dy}\right)^2.$$

L'énergie magnétique sera

$$\int \frac{V\,d\tau}{8\pi}.$$

Posons encore :

$$U = \left(\frac{d\xi}{dx}\frac{d\eta}{dy} - \frac{d\xi}{dy}\frac{d\eta}{dx}\right) + \left(\frac{d\xi}{dx}\frac{d\zeta}{dz} - \frac{d\xi}{dz}\frac{d\zeta}{dx}\right) + \left(\frac{d\eta}{dy}\frac{d\zeta}{dz} - \frac{d\eta}{dz}\frac{d\zeta}{dy}\right).$$

Il est facile de vérifier l'identité :

$$W = \frac{V}{2} - 2U,$$

ou

$$\int W\,d\tau = \int \frac{V\,d\tau}{2} - 2\int U\,d\tau.$$

Je dis que $\int U\,d\tau = 0$.

Pour le démontrer, il suffit de démontrer que l'une des trois intégrales

$$\int \left(\frac{d\xi}{dx}\frac{d\eta}{dy} - \frac{d\xi}{dy}\frac{d\eta}{dx}\right)d\tau,$$

par exemple, est nulle. La démonstration s'appliquera aux autres qui s'en déduisent par symétrie.

Cette intégrale s'écrit aussi :

$$\iiint \left(\frac{d\xi}{dx} \frac{d\eta}{dy} - \frac{d\xi}{dy} \frac{d\eta}{dx} \right) dx\,dy\,dz,$$

les trois sommations étant étendues à tout l'espace, ou par conséquent

$$\int_{-\infty}^{+\infty} dz \iint \left(\frac{d\xi}{dx} \frac{d\eta}{dy} - \frac{d\xi}{dy} \frac{d\eta}{dx} \right) dx\,dy.$$

L'intégrale double est nulle, si nous supposons que ξ, η, ζ s'annulent à l'infini; dans cette intégration, on suppose que z reste constant, autrement dit on intègre pour tous les éléments de surface, contenus dans un plan $z = $ const.

Considérons ξ, η, ζ comme les coordonnées d'un point de l'espace: ce sont des fonctions de x et de y; à chaque point du plan $z = $ const. correspond un point de l'espace ; au plan tout entier correspondra une certaine surface fermée; en effet, pour les points à distance finie, ξ, η, ζ sont finis; si le point s'éloigne dans le plan indéfiniment dans une direction déterminée, ξ, η, ζ tendent vers O, puisqu'ils s'annulent à l'infini; la courbe qui correspond à cette direction est donc fermée. Comme cette direction est quelconque, on en conclut que la surface est aussi fermée.

L'intégrale étudiée représente la projection de la surface sur le plan des $\zeta\eta$. Comme la surface est fermée, cette intégrale est nulle.

Il reste donc seulement

$$\int \mathrm{W}d\tau = \int \frac{\mathrm{V}d\tau}{2},$$

et l'énergie magnétique est équivalente à l'énergie potentielle au facteur constant près 4π, qui est le même que pour l'énergie électrostatique.

Par conséquent, il y a bien accord entre la théorie de Fresnel et celle de Maxwell.

La comparaison entre la théorie de Neumann et celle de Maxwell présenterait plus de difficultés.

19. Propagation des ondes planes. — Considérons une onde se propageant vers les z positifs, le déplacement étant parallèle à Ox (onde transversale) : dans ce cas :

$$y = h = 0$$
$$f = \mathrm{F}(z - \mathrm{V}t),$$

V étant la vitesse de la lumière.

Nous supposerons que $\mathrm{F}(z)$ est nul pour $z = z_0$, et pour $z < z_0$, et aussi pour $z = z'$, et $z > z_1$.

$\mathrm{F}(z)$ sera différent de 0 seulement pour $z_0 < z < z_1$.

Dans ces conditions la perturbation sera circonscrite dans une région limitée par deux plans perpendiculaires à l'axe des z.

$$z = z_0 + \mathrm{V}t \qquad z = z_1 + \mathrm{V}t.$$

Ces deux plans s'avancent simultanément, et leur distance reste constamment égale à $z_1 - z_0$. Entre eux, et là seulement, l'éther est troublé ; en dehors d'eux, toutes les forces sont nulles.

Rendons-nous compte de ce dernier point.

Entre les deux plans nous avons des courants parallèles à l'axe des x et ayant pour intensité totale :

$$u = \frac{df}{dt} = -\, \mathrm{VF}'\, (z - \mathrm{V}t).$$

puisque $v = w = 0$.

Pour calculer l'action magnétique de ces courants, nous allons appliquer la loi de Biot et de Savart. D'après cette loi un courant rectiligne indéfini exerce sur un pôle magnétique M une force perpendiculaire au plan qui passe par le pôle et par le courant, et inversement proportionnelle à la distance du point M à ce courant.

Supposons que le courant se propage dans un fil cylindrique parallèle à Ox, l'action magnétique de ce fil sur le pôle M sera égale en grandeur à l'attraction qu'exercerait sur ce pôle une matière attirante répandue dans le cylindre avec une densité égale à celle du courant ; mais, pour obtenir sa direction, il faut faire tourner cette dernière force de 90° autour de Ox.

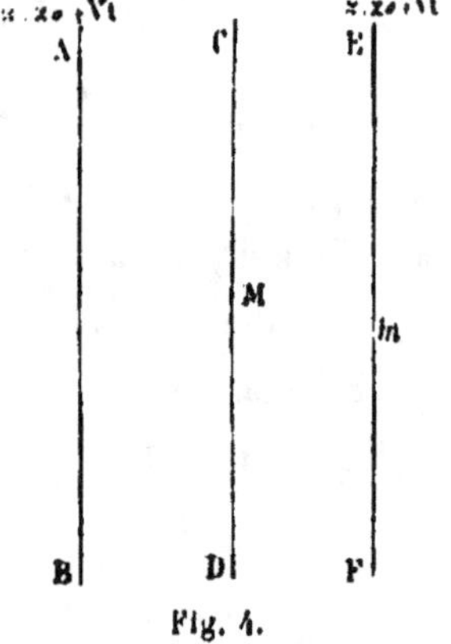

Fig. 4.

20. Cette règle est encore applicable à une série de courants parallèles à Ox, comme dans le cas qui nous occupe.

Soit un point m extérieur aux deux plans (*fig.* 4) : considérons une couche infiniment mince comprise entre deux plans z, et $z + dz$; nous pouvons regarder la densité u du courant ou de la matière attirante comme constante dans cette couche; et l'attraction de cette couche sera la même que celle d'un plan indéfini recouvert de la matière attirante avec une densité superficielle $\delta = udz$. On sait que cette attraction sur un point m est constante et indépendante de la distance de m au plan et a pour valeur $2\pi\delta$.

$$\delta = udz = -\mathrm{VF}'(z - \mathrm{V}t)\,dz.$$

L'attraction de toute la partie troublée sera :

$$\int_{z_0 + \mathrm{V}t}^{z_1 + \mathrm{V}t} -2\pi\mathrm{VF}'(z - vt)\,dz = -2\pi\mathrm{V}\left[\mathrm{F}(z - \mathrm{V}t)\right]_{z_0 + \mathrm{V}t}^{z_1 + \mathrm{V}t}$$

Mais par hypothèse $\mathrm{F}(z_0) = \mathrm{F}(z_1) = 0$: donc l'attraction cherchée est nulle.

Il n'y a donc pas de force magnétique en dehors des deux plans et par conséquent pas d'induction.

Soit maintenant un point intérieur M ayant pour ordonnée Z. Menons le plan $z = \mathrm{Z}$, nous aurons deux régions à distinguer : la première ABCD à gauche de ce plan, la seconde CDEF à droite. L'attraction de la portion de gauche est égale en valeur absolue à

$$-2\pi\mathrm{V}\int_{z_0 + \mathrm{V}t}^{z} \mathrm{F}'(z - \mathrm{V}t)\,dz = -2\pi\mathrm{VF}(\mathrm{Z} - \mathrm{V}t),$$

puisque $\mathrm{F}(z_0) = 0$.

L'attraction de la portion de droite a pour valeur absolue

$$-2\pi\mathrm{V}\int_{z}^{z_1 + \mathrm{V}t} \mathrm{F}'(z - \mathrm{V}t)\,dz = +2\pi\mathrm{VF}(\mathrm{Z} - \mathrm{V}t),$$

puisque $\mathrm{F}(z_1) = 0$.

Mais ces deux attractions étant dirigées en sens contraires, leurs valeurs absolues doivent se retrancher : ce qui donne pour la valeur de l'attraction résultante :

$$- 4\pi V F (Z - Vt).$$

La force magnétique entre nos deux plans n'est donc pas nulle.

CHAPITRE III

INTÉGRATION DES ÉQUATIONS DU MOUVEMENT
CAS PARTICULIER DES ONDES PLANES

21. Nous avons trouvé (§ 6) pour représenter les ondes des équations renfermant des fonctions arbitraires du temps et des coordonnées.

Nous allons choisir pour ces fonctions une forme particulière et écrire

$$\xi = A_1 \cos pt + A_2 \sin pt, \text{ etc.,}$$

Quand il est possible de mettre ξ, η, ζ sous cette forme, A_1 et A_2 étant fonction seulement de x, y, z, on dit que la lumière est homogène.

Or, d'après le théorème de Fourier, on peut mettre toute fonction du temps sous la forme d'une somme de pareilles expressions, autrement dit une lumière quelconque est susceptible d'être considérée comme résultant de la superposition d'un très grand nombre de lumières homogènes. D'après ce théorème on a en effet :

$$\xi = f(t) = \int_0^\infty [\varphi_1(z) \cos zt + \varphi_2(z) \sin zt]\, dz.$$

Nous poserons donc :

$$\xi = A_1 \cos pt + A_2 \sin pt, \text{ etc.,}$$

ce qui revient à considérer séparément une de ces lumières homogènes.

22. Les équations différentielles auxquelles doit satisfaire ξ sont linéaires, à coefficients constants et réels.

D'après les propriétés bien connues de ces équations, en changeant t en $t - \dfrac{\pi}{2p}$ dans la solution

$$\xi = A_1 \cos pt + A_2 \sin pt,$$

nous obtiendrons encore une solution :

$$\xi = A_1 \cos\left(pt - \frac{\pi}{2}\right) + A_2 \sin pt - \frac{\pi}{2}$$
$$= A_1 \sin pt - A_2 \cos pt$$

De ces deux solutions nous en déduirons une autre, en ajoutant à la première la seconde multipliée par $\sqrt{-1}$

$$\xi = A_1 (\cos pt + \sqrt{-1} \sin pt) - \sqrt{-1} A_2 (\cos pt + \sqrt{-1} \sin pt)$$
$$= (A_1 - \sqrt{-1} A_2)\, e^{\sqrt{-1} pt}$$

23. Inversement, si nous trouvons une solution imaginaire de cette forme, nous en conclurons que la partie réelle et la partie imaginaire satisfont séparément aux équations.

Il nous sera donc permis de conduire le calcul en nous

servant de ces expressions imaginaires, et de ne conserver à la fin que les parties réelles, seules susceptibles d'une interprétation physique.

24. Ondes planes. — Appliquons cette méthode à l'étude des ondes planes.

Dans l'équation générale

$$\rho \frac{d^2\xi}{dt^2} = \mu \left(\Delta\xi - \frac{d\theta}{dx} \right)$$

nous devons faire $\theta = o$ puisque les vibrations lumineuses sont transversales, il reste :

$$\rho \frac{d^2\xi}{dt^2} = \mu\Delta\xi$$

et de même :

$$\rho \frac{d^2\eta}{dt^2} = \mu\Delta\eta$$

$$\rho \frac{d^2\zeta}{dt^2} = \mu\Delta\zeta.$$

Cherchons à satisfaire à ces équations en posant :

$$\xi = Ae^{\sqrt{-1}\,P}$$
$$(1) \qquad \eta = Be^{\sqrt{-1}\,P}$$
$$\zeta = Ce^{\sqrt{-1}\,P}$$

où :

$$P = ax + by + cz + pt$$

a, b, c, A, B, C, p étant des constantes. Nous obtiendrons de la sorte une solution imaginaire des équations et par conséquent une solution réelle, représentée par la partie réelle de l'expression imaginaire.

Dans ces conditions,

$$\frac{d\xi}{dx} = \sqrt{-1}\, a\xi \qquad \frac{d^2\xi}{dx^2} = -\, a^2\xi$$

$$\frac{d^2\xi}{dy^2} = -\, b^2\xi \qquad \frac{d^2\xi}{dz^2} = -\, c^2\xi$$

$$\Delta\xi = -\,(a^2 + b^2 + c^2)\, \xi$$

$$\frac{d^2\xi}{dt^2} = -\, p^2\xi.$$

Substituons, il vient :

$$(2) \qquad\qquad \rho p^2 = \mu\,(a^2 + b^2 + c^2).$$

Il faut en outre que :

$$(3) \qquad\qquad 0 = \frac{d\xi}{dx} + \frac{d\eta}{dy} + \frac{d\zeta}{dz} = 0,$$

ce qui donne :

$$0 = \sqrt{-1}\,(a\xi + b\eta + c\zeta) = \sqrt{-1}\,e^{\sqrt{-1}\,p}\,(a\mathrm{A} + b\mathrm{B} + c\mathrm{C})$$

ou :

$$\mathrm{A}a + \mathrm{B}b + \mathrm{C}c = 0$$

équation exprimant que la vibration est dans le plan de l'onde.

Ceci reste vrai quelles que soient les valeurs, réelles ou imaginaires, de A, B, C, p, a, b, c. En général nous regarderons A, B, C comme réels : p sera toujours supposé réel.

Les plans ayant pour équation générale :

$$ax + by + cz = \mathrm{C}^{\mathrm{te}}$$

s'appelleront les plans de l'onde.

25. Lorsque a, b, c deviennent imaginaires, le plan devient aussi imaginaire; mais il ne faut pas en conclure que l'onde correspondante n'existe plus; le calcul montre le contraire.

En effet, prenons par exemple le système de valeurs suivant :

$$a = a_0 \qquad b = \sqrt{-1}\,b_0 \qquad c = 0$$
$$A = 0 \qquad B = 0 \qquad C = 1.$$

Ce choix de valeurs entraîne

$$\xi = \eta = 0,$$

et

$$P = a_0\,x + \sqrt{-1}\,b_0 y.$$

L'équation (2) devient :

$$\rho p^2 = \mu\,(a_0^2 - b_0^2)$$

et détermine p si $a_0 > b_0$.

L'équation (3) est vérifiée identiquement, car ζ ne dépend plus de z et ξ et η sont nuls. Enfin :

$$\zeta = \text{partie réelle de } Ce^{i\,(ax - \sqrt{-1}\,b_0 y + pt)}$$
$$= e^{-\beta_0 y} \cos\,(ax + pt),$$

ce qui représente une onde réelle.

26. Ce genre d'ondes se rencontre dans le phénomène de la réflexion totale.

Considérons deux milieux séparés par une surface plane, et supposons que le milieu supérieur ait le plus grand indice. Tant que l'angle d'incidence i dans le milieu supérieur a une valeur inférieure à l'angle limite, la loi de Descartes donne une valeur réelle de l'angle de réfraction : le rayon et l'onde réfractée sont réels. Mais quand l'angle d'incidence devient supérieur à l'angle limite, la loi de Descartes donne une valeur imaginaire de l'angle de réfraction. L'onde réfractée serait imaginaire. Il est naturel d'admettre qu'il existe alors dans le milieu inférieur une onde analogue à celle que nous venons de trouver, et c'est ce que semblent confirmer les lois de la polarisation elliptique par réflexion totale. L'observation directe de cette onde est rendue très difficile par la présence du facteur $e^{-b_0 y}$ qui devient très petit dès que y atteint une valeur notable, parce que b_0 est extrêmement grand. Mais son existence, comme nous le verrons plus loin, a été montrée indirectement. Nous parlerons d'ailleurs rarement de cette onde.

27. Si nous considérons une onde plane ordinaire se propageant parallèlement à Oz et ayant ses vibrations dans le plan d'onde, elle sera représentée par les équations

$$\zeta = 0$$
$$(4) \qquad \xi = \text{partie réelle de } Ae^{\sqrt{-1}\,pt}$$
$$\eta = \text{partie réelle de } Be^{\sqrt{-1}\,pt}.$$

A et B étant des fonctions de z et de t, si nous considérons seulement un point particulier de l'espace, A et B seront des constantes.

Comme ce sont des imaginaires, nous écrirons :

$$A = A_1 - \sqrt{-1}\,A_2$$
$$B = B_1 - \sqrt{-1}\,B_2$$

ou

$$A = |A| \, e^{\sqrt{-1}\,a}$$
$$B = |B| \, e^{\sqrt{-1}\,b}$$

en représentant selon l'usage les modules de A et de B par la notation $|A|$ et $|B|$, par conséquent :

$$(5) \quad \begin{aligned} \xi &= A_1 \cos pt + A_2 \sin pt \\ \eta &= B_1 \cos pt + B_2 \sin pt \\ \xi &= |A| \cos (pt + a) \\ \eta &= |B| \cos (pt + b) \end{aligned}$$

a s'appellera la phase de la première composante, b la phase de la seconde.

Pour trouver l'équation de la trajectoire de la molécule d'éther, il faudra éliminer le temps entre les deux expressions de ξ et η : il suffit de résoudre ces deux équations par rapport à $\cos pt$ et $\sin pt$ et de substituer les valeurs trouvées dans l'identité.

$$\cos^2 pt + \sin^2 pt = 1,$$

$\cos pt$ et $\sin pt$ seront des fonctions linéaires homogènes de ξ et η : donc le premier membre de cette identité deviendra un polynôme homogène du second degré en ξ et η.

La trajectoire cherchée sera donc une conique, et, comme ξ et η ne peuvent croître indéfiniment, cette conique est une ellipse. Dans le cas particulier où :

$$\frac{B_1}{A_1} = \frac{B_2}{A_2},$$

cette ellipse se réduit à la droite qui a pour équation

$$\frac{\xi}{\eta} = \frac{A_1}{B_1}.$$

Dans ce cas, $\frac{B}{A}$ est réel et égal à $\frac{B_1}{A_1}$. B et A ont donc même argument $a = b$, autrement dit les deux composantes ont même phase.

28. Intensité dans le cas d'une onde plane. — Nous avons montré que, tant qu'il s'agit d'ondes planes, toutes les définitions de l'intensité conduisent au même résultat. Pour la calculer, il nous est donc loisible de la regarder comme proportionnelle à la force vive moyenne de l'éther.

Le carré de la vitesse suivant Ox a pour expression :

$$\left(\frac{d\xi}{dt}\right)^2 = p^2 \, (A_1^2 \sin^2 pt + A_2^2 \cos^2 pt + 2A_1 A_2 \cos pt \sin pt).$$

La valeur moyenne de $\sin^2 pt$ et celle de $\cos^2 pt$ sont égales à $\frac{1}{2}$, celle de $\cos pt \sin pt$ est o. Donc :

$$\text{Val. moy. de } \left(\frac{d\xi}{dt}\right)^2 = \frac{p^2}{2} \, (A_1^2 + A_2^2)$$

On trouverait de même

$$\text{Val. moy. de } \left(\frac{d\eta}{dt}\right)^2 = \frac{p^2}{2} \, (B_1^2 + B_2^2),$$

et enfin

$$\text{Val. moy. de } V^2 = \frac{p^2}{2} \, (A_1^2 + A_2^2 + B_1^2 + B_2^2).$$

Abstraction faite du facteur constant $\frac{p^2}{2}$, l'intensité est donc proportionnelle à $(A_1^2 + A_2^2 + B_1^2 + B_2^2)$.

29. Nous avons regardé A et B comme des constantes ; mais en réalité ces coefficients dépendent de l'état de la source lumineuse, état qui ne demeure pas constant : ces coefficients éprouvent donc des variations. Ces variations, bien qu'elles soient extrêmement rapides d'une manière absolue, ne laissent pas d'être extrêmement lentes en regard des vibrations elles-mêmes. Mais, en raison de leur rapidité absolue, on peut admettre que pendant l'intervalle de 1/10 de seconde, qui représente la durée de la persistance des impressions lumineuses sur la rétine, ces coefficients prennent toutes les valeurs comprises entre deux certaines limites, et que ces valeurs s'associent de toutes les façons possibles.

L'intensité observée est donc l'intensité moyenne pendant cette durée de 1/10 de seconde, soit

$$\frac{1}{n} \sum (A_1^2 + A_2^2 + B_1^2 + B_2^2)$$

n étant le nombre de vibrations effectuées pendant cet intervalle. Comme $\frac{1}{n}$ est une constante, l'intensité sera proportionnelle à la somme :

$$\sum (A_1^2 + A_2^2 + B_1^2 + B_2^2).$$

Pour définir un rayon, il nous faudra prendre quatre expressions analogues, savoir :

$$\delta_1 = \sum (A_1^2 + A_2^2)$$

$$\delta_2 = \sum (B_1^2 + B_2^2)$$

$$\delta_3 = \sum (A_1 B_1 + A_2 B_2)$$

$$\delta_4 = \sum (A_1 B_2 - A_2 B_1).$$

L'intensité sera égale à $\delta_1 + \delta_2$.

30. Dans la lumière naturelle, les coefficients A et B prennent toutes les valeurs possibles pendant 1/10 de seconde et s'associent de toutes les manières possibles. Toutes les directions de vibration dans le plan d'onde sont équivalentes. Donc

$$\sum (A_1^2 + A_2^2) = \sum (B_1^2 + B_2^2)$$

ou :

$$\delta_1 = \delta_2$$

δ_3 est égal à O ; en effet, si nous trouvons la combinaison de $A_1 - \sqrt{-1}A_2$ avec $B_1 - \sqrt{-1}B_2$ qui donne le terme $A_1 B_1 + A_2 B_2$, nous trouverons aussi la combinaison de $A_1 - \sqrt{-1}A_2$ avec $- B_1 + \sqrt{-1}B_2$, qui donne le terme $- (A_1 B_1 + A_2 B_2)$, annulant le précédent ; et ainsi de suite pour les autres combinaisons.

Pour la même raison $\delta_4 = O$.

31. Supposons que la lumière traversera un analyseur, c'est-à-dire un appareil qui détruise toutes les composantes perpen-

diculaires à une certaine direction, et laisse passer les composantes parallèles à cette direction OA (*fig. 5*).

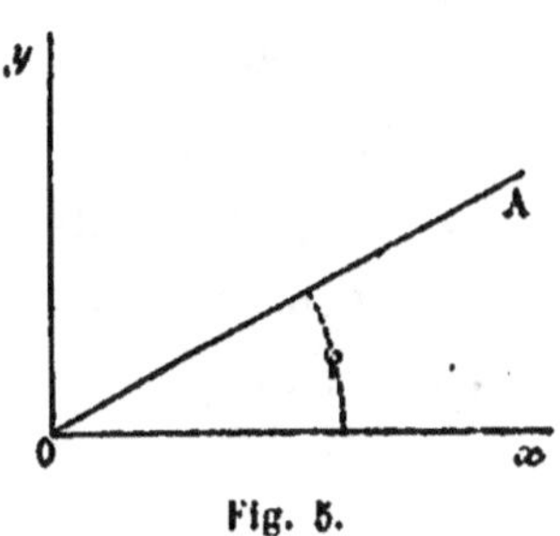

Fig. 5.

Soit φ l'angle que fait cette direction OA avec l'axe des x. La composante du déplacement dirigée suivant OA, qui seule subsiste, est égale à

$$\xi \cos\varphi + \eta \sin\varphi$$

et au temps t, la molécule d'éther se trouve sur OA, à une distance de O représentée par :

$$(A_1 \cos\varphi + B_1 \sin\varphi) \cos pt + (A_2 \cos\varphi + B_2 \sin\varphi) \sin pt.$$

L'intensité aura pour valeur, dans ce cas :

$$\sum (A_1 \cos\varphi + B_1 \sin\varphi)^2 + (A_2 \cos\varphi + B_2 \sin\varphi)^2$$
$$= \delta_1 \cos^2\varphi + 2\delta_3 \cos\varphi \sin\varphi + \delta_2 \sin^2\varphi.$$

Cette expression ne peut être négative. Les racines du tri-
nôme doivent donc être imaginaires, ce qui exige la condition :

$$\delta_3^2 \leqq \delta_1 \delta_2.$$

Si :

$$\delta_3 = \delta_1 \delta_2,$$

l'expression s'annule pour une certaine valeur de φ. On dit,
dans ce cas, que la lumière est polarisée *rectilignement* ou
polarisée dans un plan et que la polarisation est totale.

32. Supprimons l'analyseur et faisons passer la lumière à travers une lame cristallisée dont les sections principales soient dirigées suivant Ox et Oy. Dans ce passage, la lumière se décompose en deux rayons polarisés dans les sections principales, et se propageant avec des vitesses différentes, rayons qui se recombinent ensuite. Mais, en traversant le cristal, ils ont subi des retards différents : soient a le retard pour la composante dirigée suivant Ox, b le retard pour la composante dirigée suivant Oy :

A devient $Ae^{\sqrt{-1}a}$, B devient $Be^{\sqrt{-1}b}$.

$$\delta_1^2 = (\text{mod } A)^2$$
$$\delta_2^2 = (\text{mod } B)^2$$

ne changent pas.

D'autre part, nous avons :

$$\delta_3 + \sqrt{-1}\,\delta_4 = \sum (A_1 - \sqrt{-1}A_2)(B_1 + \sqrt{-1}B_2)$$

$A_1 - \sqrt{-1}A_2$ est égal à A ;

$B_1 + \sqrt{-1}B_2$ est l'imaginaire conjuguée de B.

Après le passage à travers la lame, δ_3 se change en δ_3' et δ_4 en δ_4', de manière que :

$$\delta_3' + \sqrt{-1}\,\delta_4' = \sum Ae^{\sqrt{-1}a}Be^{-\sqrt{-1}b}$$
$$= \sum (A_1 - \sqrt{-1}A_2)(B_1 + \sqrt{-1}B_2)\, e^{\sqrt{-1}(a-b)}$$
$$= (\delta_3 + \sqrt{-1}\,\delta_4)\, e^{\sqrt{-1}(a-b)}.$$

D'où, en égalant les parties réelles :

$$\delta_3' = \delta_3 \cos(a-b) - \delta_4 \sin(a-b).$$

La condition trouvée :

$$\delta_3^2 < \delta_1 \delta_2$$

devient :

$$[\delta_3 \cos (a - b) - \delta_1 \sin (a - b)]^2 < \delta_1 \delta_2.$$

La plus grande valeur que puisse prendre le premier membre est $\delta_3^2 + \delta_1^2$. Par conséquent, pour une lumière quelconque :

$$\delta_3^2 + \delta_1^2 \leqq \delta_1 \delta_2.$$

Si la lumière est totalement polarisée dans un plan, nous avons

$$\delta_3^2 = \delta_1 \delta_2.$$

Ces deux conditions sont incompatibles à moins que

$$\delta_1 = 0.$$

La valeur de la différence $a - b$ dépend de la lame que le rayon a traversée. En choisissant convenablement cette lame, on peut donner à l'expression entre crochets, c'est-à-dire à δ'_3, sa valeur maximum : $\delta_3^2 + \delta_1^2$. Si donc on a

$$\delta_3^2 + \delta_1^2 = \delta_1 \delta_2,$$

on peut choisir l'épaisseur de la lame de telle sorte que

$$\delta'_3^2 = \delta_1 \delta_2.$$

Alors après son passage à travers la lame la lumière sera totalement polarisée dans un plan.

On dit qu'avant son passage à travers la lame la lumière était polarisée elliptiquement et que la polarisation était totale.

Si les conditions deviennent :

$$\delta_3^2 < \delta_1 \delta_2$$
$$\delta_4 = 0,$$

la lumière est polarisée rectiligne, mais partiellement. Elle ne s'éteint pas complètement dans un analyseur, même si avant de passer dans cet analyseur elle a traversé une lame cristalline de quelque épaisseur que ce soit.

$$\delta_3^2 + \delta_4^2 < \delta_1 \delta_2,$$

on dit encore que la lumière est polarisée elliptiquement, mais partiellement.

La polarisation circulaire est un cas particulier de la polarisation elliptique. Elle est caractérisée quant à la polarisation circulaire totale par les conditions

$$\delta_1 = \delta_2$$
$$\delta_3 = 0 \qquad \delta_4 = \delta_1 = \delta_2$$

et quant à la polarisation circulaire partielle par :

$$\delta_3 = 0$$
$$\delta_1 = \delta_2 \qquad 0 < \delta_4 < \delta_1.$$

———

CHAPITRE IV

ÉTUDE DES INTERFÉRENCES

33. Étude des interférences dans la théorie élastique. — Lorsque deux rayons lumineux interfèrent, il y a deux cas à distinguer :

1° Les deux rayons se propagent dans la même direction ou du moins font entre eux un angle très aigu. S'ils se propagent exactement dans la même direction, leur superposition donne encore naissance à une onde plane ; s'ils font entre eux un petit angle, on peut encore comme première approximation admettre que l'onde résultante est plane ;

2° Les deux rayons qui interfèrent font entre eux un angle voisin de 90 ou de 180 degrés : alors l'onde résultante n'est plus une onde plane.

Nous allons établir analytiquement ces propriétés des ondes.

34. Rayons faisant entre eux un très petit angle. —

Premier cas. — Nous aurons pour la première onde :

$$\xi = \text{partie réelle de } Ae^{\sqrt{-1}\,P}$$
$$\eta = \text{partie réelle de } Be^{\sqrt{-1}\,P}$$
$$\zeta = \text{partie réelle de } Ce^{\sqrt{-1}\,P}$$
$$P = ax + by + cz + pt.$$

Pour la deuxième

$$\xi = \text{partie réelle de } A'e^{\sqrt{-1}\,P'}$$
$$\eta = \text{partie réelle de } B'e^{\sqrt{-1}\,P'}$$
$$\zeta = \text{partie réelle de } C'e^{\sqrt{-1}\,P'}$$
$$P' = a'x + b'y + c'z + pt,$$

p est le même dans les deux expressions car nous supposons les rayons de même couleur.

Si les rayons se propagent dans la même direction, les deux plans d'onde coïncident et

$$a = a' \qquad b = b' \qquad c = c'.$$

S'ils se coupent seulement sous un angle très aigu, $a - a'$, $b - b'$, $c - c'$ sont des quantités très petites vis-à-vis de a, b, c.

Pour l'onde résultante

$$\xi = \text{partie réelle de } \left[A + A'e^{\sqrt{-1}\,(P'-P)}\right] e^{\sqrt{-1}\,P}$$
$$\eta = \text{partie réelle de } \left[B + B'e^{\sqrt{-1}\,(P'-P)}\right] e^{\sqrt{-1}\,P}$$
$$\zeta = \text{partie réelle de } \left[C + C'e^{\sqrt{-1}\,(P'-P)}\right] e^{\sqrt{-1}\,P}.$$

Quand les rayons sont exactement parallèles et de même

sens, $P' - P = 0$, les coefficients sont constants et l'onde résultante est une onde plane.

Si l'angle des deux rayons est très petit, $P' - P$ étant très petit, les coefficients varieront, mais lentement, et nous pourrons les regarder encore comme constants dans un petit intervalle, celui d'une longueur d'onde, par exemple.

Jusqu'à ces dernières années les expériences se sont bornées à ce cas, parce qu'autrement les franges seraient trop étroites pour être observées.

35. Puisque l'onde résultante peut être assimilée à une onde plane, les deux définitions de l'intensité conduisent au même résultat. Nous admettons pour la calculer que l'intensité est proportionnelle à la force vive moyenne.

Considérons deux rayons qui interfèrent en un point déterminé de l'espace, supposons que le plan d'onde soit parallèle au plan des xy :

$$\text{Premier rayon.} \quad \begin{cases} \xi = A_1 \cos pt + A_2 \sin pt \\ \eta = B_1 \cos pt + B_2 \sin pt \end{cases}$$

$$\text{Deuxième rayon.} \quad \begin{cases} \xi = A_1' \cos pt + A_2' \sin pt \\ \eta = B_1' \cos pt + B_2' \sin pt \end{cases}$$

$$\text{Rayon résultant.} \quad \begin{cases} \xi = (A_1 + A_1') \cos pt + (A_2 + A_2') \sin pt \\ \eta = (B_1 + B_1') \cos pt + (B_2 + B_2') \sin pt \end{cases}$$

36. Plusieurs cas sont à examiner :

1° Les deux rayons peuvent provenir de sources différentes : alors A_1, A_2, B_1, B_2 dépendent de l'état de la première source, A_1', A_2', B_1', B_2' de l'état de la seconde. Ces états varient, et cela d'une façon irrégulière indépendamment l'un de l'autre ; les deux séries de coefficients varient donc d'une façon indépendante, ils prennent pendant l'intervalle de 1/10 de seconde toutes les valeurs possibles comprises entre deux limites, et ces valeurs s'associent de toutes les manières possibles. En vertu de la loi des grands nombres, on aura

$$\sum A_1 A_1' = 0 \qquad \sum A_1 B_1' = 0, \text{ etc.,}$$

en tout seize relations de ce genre.

37. Ceci s'applique aux rayons naturels. Imaginons maintenant que les deux rayons aient été polarisés dans deux polariseurs différents, les formules seront encore vraies.

En effet, quand un rayon traverse un polariseur ou une lame cristallisée, les coefficients A_1, A_2, B_1, B_2, qui définissent l'état du rayon à un instant déterminé, ou les coefficients δ_1, δ_2, δ_3, δ_4, qui définissent son état moyen, subissent une transformation linéaire ; autrement dit leurs nouvelles valeurs sont fonctions linéaires des anciennes.

Si deux rayons qui interfèrent sont polarisés, les sommes $\Sigma A_1 A_1'$, etc., que nous avons considérées, subiront aussi une transformation linéaire et, par conséquent, demeureront nulles.

Deux semblables rayons ne peuvent donc interférer.

L'intensité du rayon résultant est en effet donnée par :

$$\sum (A_1 + A_1')^2 + (A_2 + A_2')^2 + (B_1 + B_1')^2 + (B_2 + B_2')^2$$

$$= \sum (A_1^2 + A_2^2 + B_1^2 + B_2^2) + \sum (A_1'^2 + A_2'^2 + B_1'^2 + B_2'^2) + 2\varepsilon,$$

en posant

$$\varepsilon = \sum (A_1 A_1' + A_2 A_2' + B_1 B_1' + B_2 B_2').$$

Les deux premiers termes Σ représentent la somme des intensités des deux rayons. D'après ce que nous avons vu, $\varepsilon = 0$, il n'y a donc pas interférence, puisque l'intensité résultante est égale à la somme des deux intensités composantes.

38. Les deux rayons peuvent provenir d'une même source, et présenter une différence de marche parce qu'ils ont parcouru des chemins différents.

Ce cas se divise en deux autres :

1° La différence de marche est très grande. Alors les coefficients A_1 ..., etc., dépendent de l'état que présentait la source au moment où le premier rayon en est parti ; les coefficients A_1' ..., etc., dépendent de cet état au moment où le second en est parti. Mais entre ces deux instants il s'est écoulé un temps relativement considérable, les coefficients ont éprouvé des variations très grandes, et tout se passe comme si les rayons provenaient de deux sources différentes.

2° La différence de marche est faible. Alors l'état de la source n'a pas sensiblement varié entre le départ des deux rayons. Les coefficients $A_1, A_2 \ldots$ et $A_1', A_2' \ldots$ sont liés par une loi simple. Il suffit de tenir compte de la différence de phase φ, et de poser :

$$A_1' - \sqrt{-1}\,A_2' = (A_1 - \sqrt{-1}\,A_2)\, e^{\sqrt{-1}\,\varphi}$$
$$B_1' - \sqrt{-1}\,B_2' = (B_1 - \sqrt{-1}\,B_2)\, e^{\sqrt{-1}\,\varphi}$$

Calculons ε.

$$A_1 A_1' + A_2 A_2' = \text{partie réelle de } (A_1 + \sqrt{-1}\,A_2)(A_1' - \sqrt{-1}\,A_2')$$
$$= \text{partie réelle de } (A_1 + \sqrt{-1}\,A_2)(A_1 - \sqrt{-1}\,A_2)\,e^{\sqrt{-1}\,\varphi}$$
$$= (A_1^2 + A_2^2)\cos\varphi.$$

De même :

$$B_1 B_1' + B_2 B_2' = (B_1^2 + B_2^2) \cos \varphi$$

$$\epsilon = \left[\sum (A_1^2 + A_2^2 + B_1^2 + B_2^2) \right] \cos \varphi$$

ϵ n'est pas nul, il y aura interférence.

39. Jusqu'ici nous n'avons parlé que de lumière naturelle. Voyons ce qui arrivera si les rayons sont polarisés.

Supposons qu'ils aient traversé un même polariseur éteignant les composantes parallèles à Oy : à la sortie de ce polariseur, les coefficients B_1, B_2, B_1', B_2' sont nuls ; les autres ont des valeurs quelconques et

$$\epsilon = \cos \varphi \sum (A_1^2 + A_2^2).$$

Il y a encore interférence.

Supposons au contraire que le premier rayon ait traversé un polariseur H, éteignant les composantes parallèles à Oy, et le second rayon H' éteignant les composantes parallèles à Ox.
Alors

$$B_1 = B_2 = 0 \qquad A_1' = A_2' = 0.$$

Tous les termes de ϵ s'annulent : pas d'interférence. Deux rayons polarisés à angle droit ne peuvent interférer.

40. Faisons maintenant passer ces deux rayons (déjà polarisés à angle droit) à travers un même polariseur H, qui ne laisse subsister que les composantes parallèles à la direction OA, faisant avec Ox un angle θ.

Après son passage à travers H les équations du premier rayon étaient :

$$\xi = A_1 \cos pt + A_2 \sin pt$$
$$\eta = 0$$

pour le second après son passage à travers H' :

$$\xi = 0$$
$$\eta = B'_1 \cos pt + B'_2 \sin pt.$$

Le déplacement résultant suivant OA, quand les rayons auront traversé H, aura pour expression :

$$(A_1 \cos pt + A_2 \sin pt) \cos \theta + (B'_1 \cos pt + B'_2 \sin pt) \sin \theta$$
$$= (A_1 \cos \theta + B'_1 \sin \theta) \cos pt + (A_2 \cos \theta + B'_2 \sin \theta) \sin pt$$

et l'intensité sera :

$$\sum (A_1 \cos \theta + B'_1 \sin \theta)^2 + (A_2 \cos \theta + B'_2 \sin \theta)^2,$$

ou bien :

$$\cos^2 \theta \sum (A_1^2 + A_2^2) + \sin^2 \theta \sum (B'^2_1 + B'^2_2) + 2\varepsilon,$$

en posant :

$$\varepsilon = \cos \theta \sin \theta \sum (A_1 B'_1 + A_2 B'_2)$$

Les deux premiers termes représentent respectivement l'intensité de chacun des rayons s'il était seul. Il y aura donc interférence ou non suivant que ε sera différent de zéro ou égal à zéro. Or:

$$A_1 B_1' + A_2 B_2' = \text{partie réelle de } (A_1 + \sqrt{-1}\,A_2)(B_1' - \sqrt{-1}\,B_2')$$
$$= \text{partie réelle de } (A_1 + \sqrt{-1}\,A_2)(B_1 - \sqrt{-1}\,B_2)e^{\sqrt{-1}\,\varphi}$$
$$= (A_1 B_1 + A_2 B_2)\cos\varphi + (A_2 B_2 - A_1 B_1)\sin\varphi$$

Donc :

$$\varepsilon = \cos\theta \sin\theta\,(\delta_3 \cos\varphi - \delta_1 \sin\varphi).$$

Si la lumière primitive est naturelle $\delta_3 = \delta_1 = 0$, il n'y a pas interférence.

41. Si le rayon primitif est polarisé d'une polarisation rectiligne ou elliptique, il n'en est plus de même et l'interférence devient possible, ce que vérifie l'expérience. Deux rayons d'abord polarisés dans un même plan, puis polarisés dans deux plans rectangulaires, et enfin ramenés dans un même plan, sont susceptibles d'interférer.

L'état de deux rayons polarisés dans des plans rectangulaires n'est donc pas le même suivant qu'ils proviennent d'une lumière primitive naturelle, ou d'une lumière primitive polarisée.

Dans le premier cas, en les recombinant, nous obtenons de la lumière naturelle; dans le second cas, nous reproduisons de la lumière elliptique.

42. Rayons faisant entre eux un angle fini. — Deuxième cas. — C'est le cas des expériences de Wiener. L'onde résultante ne peut plus être assimilée à une onde plane; par suite, les deux définitions de l'intensité ne sont plus équivalentes, et il faut les examiner séparément.

Pour obtenir les deux faisceaux, Wiener se sert d'un miroir

sur lequel il fait tomber un faisceau de rayons parallèles. Ces rayons se réfléchissent, et les rayons réfléchis interfèrent avec les rayons incidents. Là où la différence de marche est assez faible, c'est-à-dire au voisinage de la surface; pour observer les franges on les photographie sur une pellicule sensible très mince P*l*, placée très obliquement par rapport à elles, de façon à exagérer leur écartement (*fig.* 6).

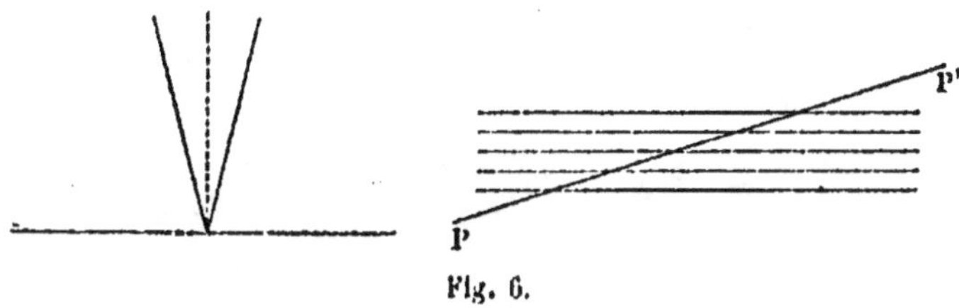

Fig. 6.

Dans ces expériences, les faisceaux se coupent sous un angle de 180 degrés, si l'incidence est normale; sous un angle de 90 degrés, si l'incidence est de 45 degrés.

43. Incidence normale. — Les deux faisceaux se coupent sous l'angle de 180 degrés. Supposons le plan d'onde parallèle au plan de *oy*, et le déplacement parallèle à O*x*.

Nous aurons :

Rayon incident $\xi = A \cos (cz + pt)$
Rayon réfléchi $\xi = A \cos (cz - pt)$
Rayon résultant $\xi = A [\cos (cz - pt) + \cos (cz - pt)]$.

Si nous adoptons la première définition de l'intensité, cette quantité sera proportionnelle à la valeur moyenne du carré de la vitesse, c'est-à-dire à la valeur moyenne de $\left(\dfrac{d\xi}{dt}\right)^2$.

Dans la seconde définition, l'intensité est proportionnelle à la valeur moyenne de l'énergie potentielle W. En général

$$W = \mu \left(\alpha_1^2 + \alpha_2^2 + \alpha_3^2 + \frac{\beta_1^2}{2} + \frac{\beta_2^2}{2} + \frac{\beta_3^2}{2} \right) + \lambda \frac{\theta^2}{2}.$$

En se reportant à la définition de ces quantités, on voit facilement que, dans le cas actuel, elles sont toutes nulles, sauf β_2 qui se réduit à $\frac{d\xi}{dz}$.

Donc :

$$W = \frac{\mu}{2} \left(\frac{d\xi}{dz} \right)^2.$$

Or

$$\frac{d\xi}{dt} = - Ap \left[\sin(cz + pt) + \sin(pt - cz) \right]$$

$$\frac{d\xi}{dz} = - Ac \left[\sin(cz + pt) - \sin(pt - cz) \right].$$

$\frac{d\xi}{dt}$ s'annule pour les valeurs de z comprises dans la formule :

$$cz + pt = pt - cz + (2K + 1)\pi$$

ou

$$2cz = (2K + 1)\pi.$$

L'intensité passe donc par une série de minima nuls et de maxima équidistants.

$\frac{d\xi}{dz}$ s'annule pour les valeurs de z données par la formule :

$$cz + pt = pt - cz + 2K\pi$$

ou

$$2cz = 2K\pi,$$

ce qui correspond encore à une série de minima nuls et de maxima équidistants.

Seulement les ventres dans la première hypothèse correspondent à des nœuds dans la seconde.

Il y a donc dans les deux cas une série d'ondes stationnaires, et on ne peut savoir *a priori* quels sont les maxima indiqués par la photographie. Je reviendrai plus loin sur cette question.

44. Lorsque l'incidence est de 45 degrés les deux rayons se coupent à angle droit.

Leurs vibrations peuvent avoir même direction ou être rectangulaires. En effet, soient une onde parallèle au plan des yz, perpendiculaire à Ox par conséquent, et une autre onde parallèle au plan des xz, perpendiculaire à Oy. On peut supposer que pour l'une et l'autre la vibration est parallèle à Oz, ou bien que pour la première elle est parallèle à Oy et pour la seconde parallèle à Ox.

Dans la première hypothèse, les équations du déplacement résultant sont :

$$\xi = \eta = 0$$
$$\zeta = A\,[\cos(cx + pt) + \cos(cy + pt)],$$

car on a respectivement pour les deux rayons

$$\begin{cases} \xi = \eta = 0 \\ \zeta = A\cos(cy + pt) \end{cases} \qquad \begin{cases} \xi = \eta = 0 \\ \zeta = A\cos(cx + pt) \end{cases}$$

Dans la seconde hypothèse :

$$(1) \qquad \begin{aligned} \xi &= A\cos(cy + pt) \\ \eta &= A\cos(cx + pt) \\ \zeta &= 0. \end{aligned}$$

Dans l'une et l'autre les dérivées $\dfrac{d\xi}{dx}$, $\dfrac{d\eta}{dy}$, $\dfrac{d\zeta}{dz}$ sont nulles, et par conséquent $\theta = 0$.

$$W = \frac{\mu}{2}\,(\beta_1^2 + \beta_2^2 + \beta_3^2).$$

Cherchons ce que deviennent β_1, β_2, β_3.

Dans le premier cas :

$$\beta_1 = \frac{d\zeta}{dy} = -\,\mathrm{A}c'\sin\,(cy + pt)$$

$$\beta_2 = \frac{d\zeta}{dx} = -\,\mathrm{A}c\sin\,(cy + pt)$$

$$\beta_3 = 0.$$

Dans le second cas, comme $\zeta = 0$ et ξ ne dépend pas de z,

$$\beta_1 = 0 = \beta_2$$
$$\beta_3 = -\,\mathrm{A}c\,[\sin\,(cy + pt) + \sin\,(cx + pt)].$$

Le premier système de valeurs, correspondant au cas où les deux vibrations sont parallèles à Oz, donne pour le carré de la vitesse :

$$\left(\frac{d\zeta}{dt}\right)^2 = \mathrm{A}^2 p^2\,[\sin\,(cx + pt) + \sin\,(cy + pt)]^2,$$

et pour l'énergie potentielle

$$W = \frac{\mu}{2}\,\mathrm{A}^2 c^2\,[\sin^2\,(cx + pt) + \sin^2\,(cy + pt)].$$

Les secondes valeurs relatives au cas où les deux vibrations sont rectangulaires entre elles donnent

$$\left(\frac{d\xi}{dt}\right)^2 + \left(\frac{d\zeta}{dt}\right)^2 = \mathrm{A}^2 p^2\,[\sin^2\,(cx + pt) + \sin^2\,(cy + pt)]$$

et

$$W = \mu \frac{\beta_3^2}{2} = \mu \frac{A^2 c^2}{2} \left[\sin (cx + pt) + \sin (cy + pt)\right]^2.$$

Dans le premier cas, la force vive est donc proportionnelle au carré de la somme des sinus, et l'énergie potentielle à la somme des carrés de ces mêmes sinus ; dans le second, au contraire, c'est la force vive qui est proportionnelle à la somme des carrés, et l'énergie potentielle au carré de la somme de ces sinus.

45. Cherchons la valeur moyenne de ces quantités : suivant qu'elle sera constante ou variable, il y aura interférence ou non.

PREMIER CAS. — La somme des sinus s'annule, quel que soit t pour

$$cx - cy = (2K + 1)\,\pi.$$

Aux points correspondants à cette condition, il y aura minimum de l'intensité définie comme proportionnelle à la force vive.

La somme des $\sin^2$ ne peut s'annuler. La valeur moyenne de chacun des $\sin^2$ est $1/2$: donc l'énergie potentielle a une valeur moyenne constante $\frac{\mu}{2} A^2 c^2$. Il n'y a pas d'interférence.

DEUXIÈME CAS. — On trouve de même que dans le second cas la force vive moyenne est constante, égale à $A^2 p^2$. Il n'y a donc pas interférence quand on définit l'intensité par la force vive.

Au contraire l'énergie potentielle s'annule quel que soit t aux points pour lesquels

$$cx - cy = 2\,(K + 1)\,\pi,$$

il y a donc interférence quand l'intensité est définie par
l'énergie potentielle.

46. Nous pouvons résumer les résultats de cette discussion
dans le tableau suivant :

Intensité prop. { Vibrat. parall. . Interférence.
à la force vive { Vibrat. rectang. Pas d'interférence.

Intensité prop. { Vibrat. parall. . Pas d'interférence.
à l'énergie potentielle { Vibrat. rectang. Interférence.

47. L'expérience ne nous fait pas connaître la direction de
la vibration, mais seulement celle du plan de polarisation. Or
Fresnel admet que la vibration se fait perpendiculairement au
plan de polarisation. Neumann, au contraire, admet qu'elle
se fait parallèlement à ce plan.

Dans l'expérience les deux plans de polarisation peuvent
être ou parallèles ou rectangulaires.

48. 1° Les plans de polarisation sont parallèles entre eux,
tous deux parallèles au plan des xy par exemple. L'expérience
nous montre qu'il y a interférence. Si nous admettons avec
Fresnel que la vibration est perpendiculaire au plan de polarisation, nos deux vibrations seront dans ce cas parallèles
toutes les deux à Ox. Il nous faudra admettre que l'intensité
chimique de la lumière est proportionnelle à la force vive de
l'éther.

Si nous acceptons la théorie de Neumann, c'est-à-dire que
nous regardions la vibration comme parallèle au plan de
polarisation, le premier rayon parallèle à Ox aura sa vibration dirigée suivant Oy, le second parallèle à Oy aura sa

vibration dirigée suivant Ox. Puisque chaque vibration est perpendiculaire au rayon correspondant, les deux vibrations sont rectangulaires, et il y a interférence. Il nous faut donc définir l'intensité par l'énergie potentielle.

49. 2° Les plans de polarisation sont rectangulaires, l'un est par exemple parallèle au plan des yz, l'autre parallèle au plan des xz. L'expérience montre qu'il n'y a pas interférence. D'après la théorie de Fresnel, les vibrations seraient rectangulaires et, par suite, l'intensité proportionnelle à la force vive. D'après celle de Neumann, les vibrations seraient parallèles et, par suite, l'intensité serait proportionnelle à l'énergie potentielle.

Les expériences de Wiener ne préjugent rien en faveur de l'une plutôt que de l'autre théorie. Elles montrent seulement que la théorie de Fresnel nécessite la proportionnalité de l'intensité de l'action chimique de la lumière à la force vive moyenne de l'éther, celle de Neumann au contraire entraîne la proportionnalité de cette intensité à l'énergie potentielle moyenne de l'éther.

50. Etude des interférences dans la théorie électro-magnétique. — 1° Supposons les plans de polarisation parallèles au plan des xy, Ox étant la direction du premier rayon, Oy celle du second. On est conduit à admettre, nous en verrons plus loin la raison, que la force électrique est perpendiculaire et la force magnétique parallèle au plan de polarisation.

Les directions des divers éléments peuvent donc être résumées dans le tableau ci-dessous.

	Rayons	Plans de polar.	Force élect.	Force magn.
1	Ox	(xy)	Oz	Oy
2	Oy	(xy)	Oz	Ox

Pour l'onde résultante :

$$X = 0 \qquad\qquad \alpha = B\cos(cy + pt)$$
$$Y = 0 \qquad\qquad \beta = B\cos(cx + pt)$$
$$Z = A\,[\cos(cx + pt) + \cos(cy + pt)] \qquad \gamma = 0.$$

L'énergie électrostatique a pour expression :

$$\int \frac{K}{8\pi}(X^2 + Y^2 + Z^2)\,d\tau$$

pour l'unité de volume, elle est donc proportionnelle à :

$$X^2 + Y^2 + Z^2,$$

c'est-à-dire au carré de la force électrique.

L'énergie électromagnétique

$$\int \frac{\mu}{8\pi}(\alpha^2 + \beta^2 + \gamma^2)$$

est proportionnelle au carré de la force magnétique :

$$\alpha^2 + \beta^2 + \gamma^2.$$

Dans le cas que nous avons considéré, ces expressions se réduisent respectivement à :

$$Z^2 = A^2\,[\cos(cx + pt) + \cos(cy + pt)]^2$$

et :

$$\alpha^2 + \beta^2 = B^2\,[\cos^2(cx + pt) + \cos^2(cy + pt)]$$

Et il faut prendre les valeurs moyennes de ces expressions.

La première proportionnelle au carré de la somme des cosinus s'annule en même temps que cette somme, c'est-à-dire, quel que soit le temps t, aux points qui satisfont à la condition :

$$cx - cy = (2K + 1)\,\pi.$$

L'énergie électrique présentera donc des maxima et des minima.

Au contraire, l'énergie électromagnétique proportionnelle à la somme des $\cos^2$ aura une valeur moyenne constante.

Les expériences de Wiener montrent qu'il y a alors interférence. Il faut en conclure que l'action photographique dépend de l'énergie électrique.

La seconde série d'expériences, dans lesquelles les plans de polarisation sont rectangulaires conduit aux mêmes conclusions. Il n'y a pas alors d'interférence, et on voit facilement que la valeur moyenne du carré de la force électrique est constante, tandis qu'elle est variable pour la force magnétique.

Pour le détail des expériences de Wiener, voir la traduction de son mémoire. *Annales de chimie et de physique*, 6ᵉ série, XXIII, 1891, et *Bulletin des sciences physiques*, Tome III, page 469.

CHAPITRE V

THÉORIE DE LA RÉFLEXION. — RÉFLEXION VITREUSE

51. Pour étudier le cas où les rayons interférents font un angle de 180 degrés, il nous faut dire d'abord quelques mots sur la théorie de la réflexion et de la réfraction dans l'hypothèse de Maxwell :

Reprenons les équations de Maxwell sous la forme que leur a donnée Hertz.

$$(\mathrm{I}) \quad \begin{cases} K\dfrac{dX}{dt} = \dfrac{d\gamma}{dy} - \dfrac{d\beta}{dz} \\[2ex] K\dfrac{dY}{dt} = \dfrac{d\alpha}{dz} - \dfrac{d\gamma}{dx} \\[2ex] K\dfrac{dZ}{dt} = \dfrac{d\beta}{dx} - \dfrac{d\alpha}{dy} \end{cases}$$

$$\begin{array}{c}(\mathrm{II}) \\[1ex] \mu = 1 \end{array} \quad \begin{cases} \dfrac{d\alpha}{dt} = -\left(\dfrac{dZ}{dy} - \dfrac{dY}{dz}\right) \\[2ex] \dfrac{d\beta}{dt} = -\left(\dfrac{dX}{dz} - \dfrac{dZ}{dx}\right) \\[2ex] \dfrac{d\gamma}{dt} = -\left(\dfrac{dY}{dx} - \dfrac{dX}{dy}\right) \end{cases}$$

Supposons que nous ayons deux milieux, possédant des pouvoirs inducteurs spécifiques K différents et séparés par une surface, que nous supposerons réduite au plan des xy.

Comme il est très peu probable que le passage d'un milieu à l'autre se fasse brusquement et qu'ils soient séparés par une surface purement géométrique, nous admettrons qu'il existe une couche de passage où K varie très rapidement, mais cependant d'une manière continue.

52. Toutes les quantités X, Y, Z — α, β, γ, K seront finies ainsi que leurs dérivées prises par rapport à x, y et t; mais nous ne pouvons dire qu'il en est de même de leurs dérivées par rapport à z. Voyons, par exemple, ce qui arrive pour K. Puisque K varie très rapidement dans la couche de passage, il faut que $\dfrac{dK}{dz}$ prenne des valeurs très grandes, du même ordre de grandeur que l'inverse de l'épaisseur de cette couche de passage. Ces dérivées par rapport à z peuvent donc devenir infinies.

53. Différencions les équations (II) respectivement par rapport à x, y, z, et ajoutons-les, il vient :

$$\frac{d}{dt}\left(\frac{d\alpha}{dx} + \frac{d\beta}{dy} + \frac{d\gamma}{dz}\right) = 0$$

Nous avons le droit de supposer qu'à l'origine du temps

$$\frac{d\alpha}{dx} = \frac{d\beta}{dy} = \frac{d\gamma}{dz} = 0$$

Alors l'équation ci-dessus se traduit par

$$(1) \qquad \frac{d\alpha}{dx} + \frac{d\beta}{dy} + \frac{d\gamma}{dz} = 0$$

En opérant de même sur le système (I) nous trouvons :

$$\frac{d}{dt}\left[\frac{d\,(KX)}{dx} + \frac{d\,(KY)}{dy} + \frac{d\,(KZ)}{dz}\right] = o,$$

et en supposant qu'à l'origine du temps :

$$\frac{d\,(KX)}{dx} = \frac{d\,(KY)}{dy} = \frac{d\,(KZ)}{dz} = o,$$

ceci entraîne :

$$(2) \qquad \frac{d\,(KX)}{dx} + \frac{d\,(KY)}{dy} + \frac{d\,(KZ)}{dz} = o.$$

54. Considérons maintenant la première équation du système (I) ; $K\dfrac{dX}{dt}$ et $\dfrac{d\gamma}{dy}$ sont des quantités finies ; il ne pourrait y avoir doute que pour $\dfrac{d\beta}{dz}$. Mais d'après l'équation elle-même, $\dfrac{d\beta}{dz}$ doit être nécessairement fini, puisqu'il est égal à

$$\frac{d\gamma}{dy} - K\frac{dX}{dt}.$$

Par conséquent β est continu dans la couche de passage.

La deuxième équation nous montre que α est aussi continu et enfin l'équation (1) que γ est continu. Nous démontrons ainsi que les trois composantes de la force magnétique sont continues.

La première des équations (II) montre que $\dfrac{dY}{dz}$ est fini et par suite que Y est continu, la seconde que $\dfrac{dX}{dz}$ est fini et X continu, donc les composantes tangentielles de la force électrique sont continues.

Mais nous ne pouvons en dire autant de la composante
normale Z. Car l'équation (2), dans laquelle les deux termes
du premier membre sont finis nous apprend seulement que
$\dfrac{d\,(KZ)}{dz}$ est fini, soit que KZ est continu. Mais puisque K est
discontinu, Z l'est aussi.

55. Réflexion d'une onde plane. — Ces préliminaires
posés, considérons une onde plane qui se réfléchisse et se
réfracte sur le plan des xy, et supposons que le plan d'incidence soit celui des yz. Deux cas peuvent se présenter :

1° La force électrique est perpendiculaire au plan d'incidence ;

2° La force magnétique est perpendiculaire au plan d'incidence, la force électrique étant parallèle à ce plan.

56. Premier cas. — La force électrique est parallèle à OX,
donc :

$$X = \text{partie réelle de } A e^{\sqrt{-1}\,(by + cz + pt)}$$

pour le rayon incident.

Le plan de l'onde réfléchie est aussi perpendiculaire au
plan d'incidence et doit faire le même angle avec la normale,
mais du côté opposé. On aura pour le rayon réfléchi

$$X = \text{partie réelle de } B e^{\sqrt{-1}\,(by - cz + pt)}$$

$by - cz = o$ est le plan de l'onde réfléchie.

Enfin pour le rayon réfracté :

$$X = \text{partie réelle de } C e^{\sqrt{-1}\,(b'y + c'z + pt)}.$$

Nous avons vu que X devait être continu ; d'ailleurs

$Y = Z = o$, par conséquent $\dfrac{d\beta}{dt}$ se réduit à $- \dfrac{dX}{dz}$ qui doit être

continu. De même $\dfrac{d\gamma}{dt}$ se réduit à $\dfrac{dX}{dy}$ qui doit être aussi continu.

Enfin $\dfrac{dz}{dt} = o$.

Désignons par X_1 la valeur de X dans le premier milieu, prise sur la surface de séparation, par X_2 cette valeur dans le second milieu.

Puisque X est continu, $X_1 = X_2$ tout le long de la surface de séparation. On peut donc différencier par rapport à x et à y et écrire

$$\frac{dX_1}{dx} = \frac{dX_2}{dx} \qquad \frac{dX_1}{dy} = \frac{dX_2}{dy},$$

et puisque $\dfrac{dX}{dz}$ doit être continu.

$$\frac{dX_1}{dz} = \frac{dX_2}{dz}.$$

Égalons les valeurs de X pour $z = o$ de chaque côté du plan de séparation, il vient :

$$X = Ae^{\sqrt{-1}(by + cz + pt)} + Be^{\sqrt{-1}(by - cz + pt)} = Ce^{\sqrt{-1}(b'y + c'z + pt)}$$

soit pour $z = o$, en supprimant le facteur commun $e^{\sqrt{-1}pt}$.

$$(A + B)\, e^{\sqrt{-1}by} = Ce^{\sqrt{-1}b'y}$$

Comme cette relation doit avoir lieu identiquement, quel que soit y, il faut que :

$$b = b' \qquad A + B = C.$$

De même en égalant les valeurs de $\dfrac{dX}{dz}$ pour $z = 0$, et supprimant le facteur exponentiel, commun aux deux membres, il vient :

$$(A - B)\,c = Cc'.$$

Introduisons l'angle d'incidence ou l'angle que fait le plan de l'onde incidente avec le plan des xy (la surface de séparation).

Le plan de l'onde incidente a pour équation :

$$by + cz = 0$$

Les cosinus directeurs de la normale sont :

$$O\,;\quad \frac{b}{\sqrt{b^2 + c^2}}\,;\quad \frac{c}{\sqrt{b^2 + c^2}}$$

Par conséquent :

$$\cos i = \frac{c}{\sqrt{b^2 + c^2}} \qquad \sin i = \frac{b}{\sqrt{b^2 + c^2}}.$$

Pour l'onde réfractée, il suffit de changer c en c' et en désignant par r l'angle de réfraction que fait le plan de l'onde incidente avec le plan de l'onde réfractée.

$$\cos r = \frac{c'}{\sqrt{b^2 + c'^2}} \qquad \sin r = \frac{b}{\sqrt{b^2 + c'^2}}$$

D'où :

$$c' = \frac{\operatorname{tang} i}{\operatorname{tang} r}$$

$$\frac{B}{A} = \frac{c - c'}{c + c'} = \frac{\operatorname{cotg} i - \operatorname{cotg} r}{\operatorname{cotg} i + \operatorname{cotg} r}$$

$$= \frac{\operatorname{tang} r - \operatorname{tang} i}{\operatorname{tang} r + \operatorname{tang} i} = \frac{\sin (r - i)}{\sin (r + i)}$$

57. 2° Supposons maintenant que la force magnétique soit perpendiculaire au plan d'incidence, et la force électrique située dans ce plan.

Dans ces conditions on a :

$$\beta = \gamma = 0$$

Pour l'onde incidente :

$$\alpha = \text{partie réelle de } Ae^{\sqrt{-1}P}$$

Pour l'onde réfléchie :

$$\alpha = \text{partie réelle de } Be^{\sqrt{-1}P_1}$$

Et pour l'onde réfractée :

$$\alpha = \text{partie réelle de } Ce^{\sqrt{-1}P'}$$

en posant :

$$P = by + cz + pt$$
$$P_1 = by - cz + pt$$
$$P' = by + c'z + pt$$

Par conséquent, dans le premier milieu :

$$\alpha = Ae^{\sqrt{-1}P} + Be^{\sqrt{-1}P_1}$$

et dans le second :

$$\alpha = Ce^{\sqrt{-1}P'}$$

α doit être continu ; de même Y.

Donc pour deux points infiniment voisins l'un de l'autre, mais situés de part et d'autre de la surface de séparation, Y doit avoir même valeur, et il en est de même de $\frac{dY}{dt}$. Comme

$$K\frac{dY}{dt} = \frac{d\alpha}{dz} - \frac{d\gamma}{d\omega}$$

et qu'ici :

$$\gamma = 0$$

$$K\frac{dY}{dt} = \frac{d\alpha}{dz}$$

il faut que :

$$\frac{1}{K}\frac{d\alpha}{dz}$$

soit continu.

Soit K le pouvoir inducteur spécifique du premier milieu, K' celui du second ; on sait que :

$$K\sin^2 i = K'\sin^2 r$$

Dans le premier milieu :

$$\frac{1}{K}\frac{d\alpha}{dz} = \frac{A\sqrt{-1}\,c}{K}\,e^{\sqrt{-1}\,P} - \frac{B\sqrt{-1}\,c}{K}\,e^{\sqrt{-1}\,P_1}$$

Dans le second :

$$\frac{1}{K}\frac{d\alpha}{dz} = \frac{C\sqrt{-1}\,c'}{K'}\,e^{\sqrt{-1}\,P'}$$

Sur la surface de séparation $z = 0$ et $P = P_1 = P' = by + pt$.

En écrivant que α a la même valeur dans les deux milieux pour $z = 0$ et supprimant l'exponentielle qui est facteur commun, nous obtenons la condition

$$A + B + C.$$

En écrivant de même que $\frac{1}{K}\frac{dz}{dz}$ est continu, il vient :

$$(A - B)\frac{c}{K} = \frac{Cc'}{K}.$$

De ces deux relations, nous déduirons :

$$\frac{B}{A} = \frac{\frac{c}{K} - \frac{c'}{K'}}{\frac{c}{K} + \frac{c'}{K'}} = \frac{\sin 2i - \sin 2r}{\sin 2i + \sin 2r}$$

$$= \frac{\tan(i - r)}{\tan(i + r)}$$

En effet : des deux égalités

$$\frac{c'}{c} = \frac{\tan i}{\tan r} \qquad \frac{K'}{K} = \frac{\sin^2 i}{\sin^2 r},$$

il résulte :

$$\frac{\frac{c}{K}}{\sin^2 i} = \frac{\frac{c'}{K'}}{\sin^2 r}.$$

Lorsque $i + r = \frac{\pi}{2}$ $\tan(i + r)$ devient infini et $\frac{B}{A}$ devient nul.

Le rayon réfracté est alors perpendiculaire au rayon réfléchi ; la valeur correspondante de l'angle d'incidence s'appelle angle de polarisation complète ou angle de Brewster.

58. Réflexion totale. — Si le deuxième milieu est plus réfringent ou bien s'il est moins réfringent que le premier, mais que l'angle de réflexion totale ne soit pas atteint, c' est réel ; $\frac{B}{A}$ est aussi réel, et la différence de phase entre la vibration incidente et la vibration réfléchie est égale à o ou à π.

Si l'angle limite est dépassé, c' devient une imaginaire pure ; $c - c'$ et $c + c'$ sont imaginaires conjugués, leur rapport $\dfrac{B}{A}$ a un module égal à l'unité.

La lumière réfléchie a même intensité que la lumière incidente ; seulement, comme le rapport $\dfrac{B}{A}$ est imaginaire, il y a une différence de phase entre les deux vibrations.

Cette différence n'a pas la même valeur suivant que la force électrique est perpendiculaire ou parallèle au plan d'incidence. Aussi, quand le plan de polarisation n'est pas perpendiculaire au plan d'incidence, le rayon réfléchi est polarisé elliptiquement.

L'onde réfractée devient imaginaire. En posant

$$c' = -\sqrt{-1}\,c,$$

on a :

$$P' = by - \sqrt{-1}\,c_1 + pt,$$

et pour cette onde réfractée

$$X = \text{partie réelle. de } Ce^{\sqrt{-1}\,by - c_1 z + \sqrt{-1}\,pt}.$$

soit, en supposant C réel,

$$X = Ce^{-c_1 z} \cos (by + pt).$$

Comme c_1 est en général très grand, le facteur $e^{-c_1 z}$ devient très petits dès qu'on s'écarte un peu de la surface ; aussi n'observe-t-on pas de lumière réfractée dans ces conditions.

59. Vérifications expérimentales. — Nous sommes arrivés à cette conclusion que :

1° Quand la force électrique est perpendiculaire au plan d'incidence, le rapport de l'intensité de la lumière réfléchie à l'intensité de la lumière incidente est égal à

$$\frac{\sin^2 (r - i)}{\sin^2 (r + i)}$$

2° Quand la force électrique est située dans le plan d'incidence, ce rapport est égal à

$$\frac{\tan^2 (i - r)}{\tan^2 (i + r)}.$$

Ces conclusions sont susceptibles de deux genres de vérifications : les unes empruntées à l'observation des phénomènes optiques, les autres à l'observation des oscillations hertziennes.

Si nos conclusions sont exactes, les valeurs de l'intensité de la lumière réfléchie trouvées par l'expérience doivent coïncider avec les valeurs déduites de l'une ou de l'autre des formules ci-dessus, suivant que la lumière incidente est polarisée perpendiculairement ou parallèlement au plan d'incidence : c'est ce qui a lieu.

60. L'expérience prouve que le rapport de la lumière réfléchie à la lumière incidente est égal à

$$\frac{\sin^2 (r - i)}{\sin^2 (r + i)},$$

si la lumière est polarisée dans le plan d'incidence ; et à

$$\frac{\text{tg}^2 (i - r)}{\text{tg}^2 (i + r)},$$

si le plan de polarisation est perpendiculaire au plan d'incidence.

Il en résulte que la force électrique doit être perpendiculaire au plan de polarisation.

Mais, si nous ne possédions que cette vérification, la valeur de cette conclusion serait subordonnée à celle des hypothèses que nous avons faites.

61. L'étude des oscillations hertziennes fournit une confirmation plus rigoureuse. — Dans ces oscillations on connaît *a priori* la direction des vibrations magnétiques. On peut donc réaliser les expériences dans des conditions déterminées: produire la réflexion des ondes sur la surface d'un diélectrique, en plaçant la force électrique d'abord perpendiculaire, puis parallèle au plan d'incidence, et faire varier l'incidence. Dans le second cas, on doit observer une certaine valeur de l'incidence pour laquelle il n'y aura plus réflexion, ce qui ne doit pas arriver dans le premier cas.

62. Les expériences faites sur un mur de 1 mètre d'épaisseur et sur un bloc de soufre ont réussi mieux même qu'on n'aurait pu s'y attendre. Il semble à première vue qu'il aurait dû se produire une réflexion sur la seconde face du mur: ce mur de 1 mètre est en effet une lame mince vis-à-vis des oscillations électriques, puisque son épaisseur n'est que de quelques longueurs d'onde.

Mais il est facile de voir que, si un rayon tombe sur la première face de la lame, de façon à ce qu'il n'y ait pas réflexion, il ne s'en produira pas davantage sur la seconde face.

Il suffit en effet de faire la figure, et on s'aperçoit immédiatement que le rayon réfléchi sur la seconde face serait aussi perpendiculaire au rayon réfracté correspondant, et que par suite la réflexion n'a pas lieu (*fig.* 7).

63. Cette extinction du rayon réfléchi est très nette : mais la vérification des formules de rapport est moins satisfaisante. Il semble qu'il devrait y avoir des minima pour certaines épaisseurs de la lame mince ; on n'a rien observé de tel : probablement à cause de l'amortisse-

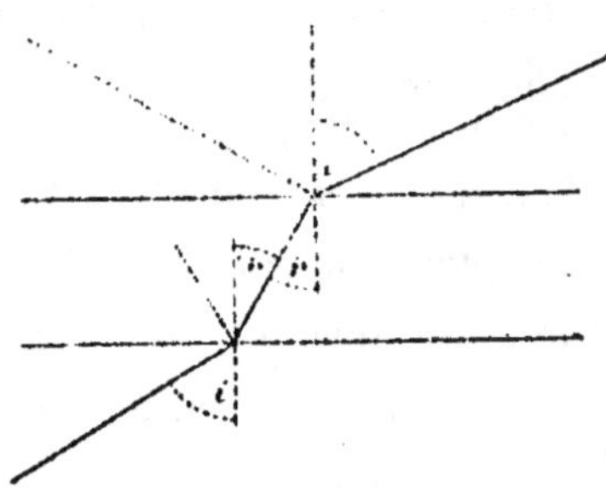

Fig. 7.

ment considérable que présentaient les excitateurs et les résonateurs, d'où il résultait une perte d'intensité qui ne permettait plus aux ondes d'interférer complètement.

64. Application aux expériences de Wiener. — Revenons maintenant aux expériences de Wiener, dans lesquelles le rayon incident et le rayon réfléchi sont normaux au miroir. Comme le plan d'incidence est indéterminé, nous pouvons le supposer perpendiculaire à la force électrique et appliquer notre première formule. Comme les angles tendent vers 0, nous substituerons leur rapport à celui de leurs sinus :

$$\frac{B}{A} = \frac{r-i}{r+i} = \frac{1-n}{1+n}.$$

Donc en supposant $n > 1$, $\frac{B}{A}$ est négatif.

Pour la force magnétique :

$$\frac{B}{A} = \frac{i - r}{i + r} = \frac{n - 1}{n + 1},$$

En remplaçant le rapport des tangentes par celui des arcs, $\frac{A}{B}$ est positif.

Par conséquent, la force électrique a dans le rayon réfléchi le sens contraire à celui qu'elle a dans le rayon incident. La force magnétique a le même sens dans les deux.

Les deux rayons interfèrent, et la photographie indique un minimum sur la surface même de réflexion. Or les deux forces électriques incidente et réfléchie se retranchent, puisqu'elles sont de sens contraire ; tandis que les deux forces magnétiques sont de même sens et s'ajoutent.

L'intensité photographique est donc minimum en même temps que la force électrique. Par conséquent, elle dépend, non de la force magnétique, mais de la force électrique, non de l'énergie électro-magnétique, mais de l'énergie électrostatique.

65. Si nous adoptons la théorie de Fresnel, l'intensité est mesurée par l'énergie cinétique moyenne ; si nous adoptons l'hypothèse de Neumann, l'intensité est mesurée par l'énergie potentielle moyenne.

Nous avons vu en effet au n° 17 que dans l'hypothèse de Fresnel l'énergie électrostatique est proportionnelle à l'énergie cinétique, et dans l'hypothèse de Neumann à l'énergie potentielle.

Ces deuxièmes expériences de Wiener confirment donc pleinement les premières, sans d'ailleurs rien leur ajouter.

66. Anneaux colorés. — Considérons une lame mince comprise entre deux plans parallèles. Un rayon AB tombe sur la première surface, il se divise en un rayon réfléchi et un rayon réfracté.

Ce rayon réfracté arrive à la seconde surface, subit une division analogue, et ainsi de suite. Dans chacun des deux milieux on a une série de rayons parallèles ; dans le milieu supérieur ils proviennent d'un nombre impair de réflexions et de deux réfractions; dans le milieu inférieur, ils proviennent d'un nombre pair de réflexions et de deux réfractions (*fig.* 8).

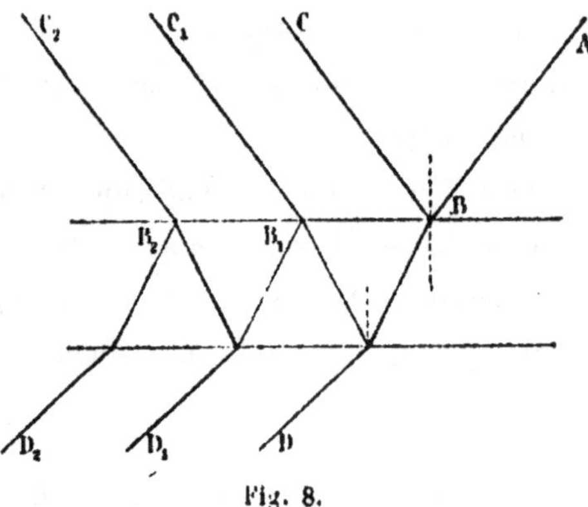

Fig. 8.

Généralement on calcule l'intensité de ces rayons et leur différence de phase, puis on les compose en profitant de ce qu'ils forment une progression géométrique.

Il est plus court de procéder de la manière suivante :

Supposons que la lumière soit polarisée dans le plan d'incidence, et que la force électrique soit perpendiculaire à ce plan.

Nous aurons dans le premier milieu :

$$X = Ae^{\sqrt{-1}\,p} + Be^{\sqrt{-1}\,p_1}.$$

Le terme $Ae^{\sqrt{-1}P}$ se rapporte au rayon incident, le second $Be^{\sqrt{-1}P_1}$ à l'ensemble des rayons réfléchis

$$P = by + cz + pt$$
$$P_1 = by + cz + pt$$

Dans la lame mince

$$X = Ce^{\sqrt{-1}P'} + De^{\sqrt{-1}P'_1}$$
$$P' = by + c'z + pt$$
$$P'_1 = by + c'z + pt.$$

Le premier terme se rapporte au rayon BD non réfléchi et à ceux qui lui sont parallèles.

Le second, au rayon une fois réfléchi dans la lame DB' et à ceux qui lui sont parallèles.

Enfin dans le troisième milieu

$$X = Ee^{\sqrt{-1}P}$$

pour l'ensemble des rayons qui ont traversé la lame.

Dans chacun des milieux, on a respectivement

$$1^{er}\ \text{milieu}\quad \frac{dX}{dz} = A\sqrt{-1}\,ce^{\sqrt{-1}P} - B\sqrt{-1}\,ce^{\sqrt{-1}P_1}$$

$$2^e\quad »\quad \frac{dX}{dz} = C\sqrt{-1}\,c'e^{\sqrt{-1}P'} - D\sqrt{-1}\,c'e^{\sqrt{-1}P'_1}$$

$$3^e\quad »\quad \frac{dX}{dz} = E\sqrt{-1}\,ce^{\sqrt{-1}P}.$$

X et $\dfrac{dX}{dz}$ doivent être continus sur les deux surfaces.

Or sur la première surface

$$z = o,\ \text{et}\ P = P_1 = P' = P'_1.$$

En supprimant l'exponentielle en facteur, il vient

$$(1) \qquad A + B = C + D$$

$$(2) \qquad (A - B)\, c = (C - D)\, c'.$$

Sur la seconde surface

$$Ce^{\sqrt{-1}\,p'} + De^{\sqrt{-1}\,p'_1} = Ee^{\sqrt{-1}\,p}$$

$$Cc'e^{\sqrt{-1}\,p'} - Dc'e^{\sqrt{-1}\,p'_1} = Ece^{\sqrt{-1}\,p}.$$

Si λ est l'épaisseur de la lame, il faut faire $z = \lambda$ dans ces relations, et il vient, après simplification

$$(3) \qquad Ce^{\sqrt{-1}\,c'\lambda} + De^{-\sqrt{-1}\,c'\lambda} = Ee^{\sqrt{-1}\,c\lambda}$$

$$(4) \qquad Cc'e^{\sqrt{-1}\,c'\lambda} - Dc'e^{-\sqrt{-1}\,c'\lambda} = Ece^{-\sqrt{-1}\,c\lambda}.$$

Les équations (1), (2), (3), (4) permettent de calculer B, C, D, E lorsqu'on connaît A.

L'intensité de la lumière réfléchie est proportionnelle au carré du module de B; la phase est égale à l'argument de B.

Dans les cas où la lumière serait polarisée perpendiculairement au plan d'incidence, il faudrait remplacer dans les formules c par $\dfrac{c}{K}$ et c' par $\dfrac{c'}{K}$.

67. Supposons que le milieu intermédiaire soit moins réfringent que les deux autres, et que l'angle limite soit dépassé. Alors c' est une imaginaire pure et $e^{\sqrt{-1}\,c'\lambda}$ est réel.

Si la lame est suffisamment mince, E ne sera pas nul, $\dfrac{A}{B}$ aura un module différent de 1, et le rayon réfracté pourra devenir observable.

68. Pour réaliser ces conditions, on accole par leurs bases

deux prismes à réflexion totale de manière à laisser entre eux
une lame d'air très mince (*fig.* 9). La lumière réfléchie n'a
plus une intensité égale à celle de la lumière incidente, et on
observe des anneaux.

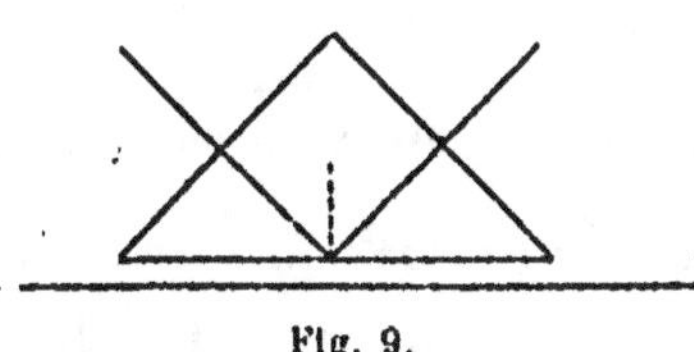

Fig. 9.

Ces anneaux n'ont pas
de colorations aussi vives
que les anneaux ordinai-
res, dans lesquels cer-
taines couleurs sont com-
plètement détruites par
interférence. Cela ne peut pas arriver dans le cas de la réflexion totale.

Supposons en effet que dans l'expérience B soit nul. Les
relations deviennent

$$A = C + D$$
$$Ac = (C - D) c'$$
$$Ce^{\sqrt{-1}c'\lambda} + De^{-\sqrt{-1}c'\lambda} = Ee^{\sqrt{-1}c\lambda}$$
$$c' (Ce^{\sqrt{-1}c'\lambda} - De^{-\sqrt{-1}c'\lambda}) = Ece^{\sqrt{-1}c\lambda}$$

d'où :

$$(C - D) c' = (C + D) c$$
$$c' [Ce^{\sqrt{-1}c'\lambda} - De^{-\sqrt{-1}c'\lambda}] = c [Ce^{\sqrt{-1}c'\lambda} + De^{-\sqrt{-1}c'\lambda}]$$

et enfin :

$$\frac{C}{D} = \frac{Ce^{\sqrt{-1}c'\lambda}}{De^{-\sqrt{-1}c'\lambda}}$$

ce qui exigerait :

$$e^{2\sqrt{-1}c'\lambda} = 0.$$

Ceci ne peut avoir lieu que si c' est réel et égal à $\dfrac{\pi}{\lambda}$.

69. Réflexion métallique. — L'expérience montre que les métaux exercent sur les courants alternatifs une action réfléchissante de caractère variable avec la durée des alternances.

S'il s'agit de courants alternatifs à période très longue $\left(\dfrac{1}{100} \text{ à } \dfrac{1}{1000^e} \text{ de seconde}\right)$, les divers métaux se comportent de façons fort différentes et leur conductibilité spécifique joue un grand rôle dans le phénomène de la réflexion. Il en est de même pour les oscillations extrêmement rapides comme les vibrations lumineuses, dont la période est voisine de 1.10^{-14}, ou 1.10^{-15} seconde.

Au contraire, pour des oscillations ayant une durée de période intermédiaire, comme c'est le cas des oscillations hertziennes (1.10^{-8} à 1.10^{-11} seconde), tous les métaux se comportent de la même manière, comme s'ils étaient tous des conducteurs parfaits.

70. Comment rendre compte de ces particularités par la théorie?

Voici comment Maxwell et Hertz se représentent la manière dont l'électricité se comporte dans les métaux.

Conservons les équations qui ont trait aux diélectriques.

$$\frac{d\alpha}{dt} = -\left(\frac{dZ}{dy} - \frac{dY}{dz}\right), \text{ etc.}$$

$$\cdots \cdots \cdots$$

$$4\pi u = \frac{d\gamma}{dy} - \frac{d\beta}{dz}, \text{ etc.}$$

$$\cdots \cdots \cdots$$

(u, v, w) est le courant total résultant du courant de déplacement et du courant de conduction :

$$u = \frac{df}{dt} + CX, \text{ etc.}$$

f, g, h étant les composantes du déplacement, C la conductibilité XYZ, les composantes de la force électrique.

Nous poserons en outre :

$$4\pi f = K'X,$$

K′ sera le pouvoir inducteur spécifique du métal, par définition. Cette quantité peut être nulle, et en tout cas elle serait très difficile à mesurer ; mais, pour plus de généralité, nous l'introduirons dans le calcul. Les formules deviennent alors :

$$4\pi \frac{df}{dt} = K' \frac{dX}{dt}$$

$$4\pi u = K' \frac{dX}{dt} + 4\pi CX = \frac{d\gamma}{dy} - \frac{d\beta}{dz}$$

et deux autres obtenues par symétrie. Ces équations sont de la même forme que les équations

$$K \frac{dX}{dt} = \frac{d\gamma}{dy} - \frac{d\beta}{dz}$$

relatives aux diélectriques. Seulement elles renferment en plus un terme dépendant de X.

71. Supposons qu'une onde incidente tombe sur le métal XYZ, α, β, γ seront de la forme :

$$X = \text{partie réelle de } f(x, y, z).e^{pt\sqrt{-1}}.$$

Or, nous avons vu que nous pouvions effectuer tous les calculs sur l'expression complète, et à la fin prendre seulement les parties réelles : nous profiterons encore ici de cette simplification.

Il vient alors :

$$\frac{dX}{dt} = p \sqrt{-1}\, X,$$

ou :

$$X = -\frac{\sqrt{-1}}{p} \frac{dX}{dt}.$$

Remplaçons X par cette valeur :

$$\left(K' - \frac{4\pi C \sqrt{-1}}{p}\right) \frac{dX}{dt} = \frac{d\gamma}{dy} - \frac{d\beta}{dz},$$

Sous cette forme, nous retrouvons l'équation relative aux diélectriques à cela près que le coefficient réel K de cette dernière est remplacé par un coefficient imaginaire $K' - \dfrac{4\pi C\sqrt{-1}}{p}$.

Nous n'avons donc qu'à reprendre tous les calculs faits dans le cas de la réflexion vitreuse.

X, Y, α, β, γ devront être continus ainsi que leurs dérivés par rapport à t ; mais Z sera discontinu.

Pour l'onde incidente

$$X = A e^{\sqrt{-1}\,(by + cz + pt)}.$$

Pour l'onde réfléchie

$$X = B e^{\sqrt{-1}\,(by - cz + pt)},$$

i désignant l'angle d'incidence, K le pouvoir inducteur spécitique du milieu supérieur. On devra avoir :

$$\frac{c}{b} = \cotg i,$$

et

$$b^2 + c^2 = Kp^2$$

d'après les équations du mouvement.

Dans le métal

$$X = A'e^{\sqrt{-1}(by + cz + pt)}.$$

Par analogie avec ce que nous avons fait dans le cas de la réflexion vitreuse, nous poserons :

$$\frac{c'}{b} = \cotg r.$$

Mais dans le cas actuel l'angle r est imaginaire puisque c' est imaginaire. Nous aurons aussi

$$b^2 + c'^2 = \left(K - \frac{4\pi C \sqrt{-1}}{p} \right) p^2.$$

Et si nous posons

$$c' = c'_1 + c'_2 \sqrt{-1}$$
$$X = A'e^{-c'_2 z} \cos (by + c'_1 z + pt).$$

72. Il résulte de la présence du facteur exponentiel $e^{-c'_2 z}$ où c'_2 est très grand, que X devient très petit dès que z atteint une valeur un peu notable. Il n'y aura donc plus de lumière sensible à une distance très faible du plan de séparation.

Le pouvoir inducteur des diélectriques est proportionnel au carré de leur indice de réfraction : nous conviendrons de dire par analogie que le ra... t

$$K' - \frac{\dfrac{4\pi C \sqrt{-1}}{p}}{K}$$

représente le carré de l'indice de réfraction du métal

$$(n - g \sqrt{-1})^2,$$

indice qui est forcément imaginaire. Alors

$$\sin i = (n - g \sqrt{-1}) \sin r.$$

Le reste du calcul s'achève comme pour la réflexion vitreuse.

73. Supposons d'abord que la force électrique soit perpendiculaire au plan d'incidence, c'est-à-dire que le plan de polarisation coïncide avec le plan d'incidence

$$\frac{B}{A} = \frac{\sin(r - i)}{\sin(r + i)}$$

Puisque r est imaginaire, le rapport $\dfrac{B}{A}$ l'est aussi. Le carré du module de ce rapport donne le pouvoir réflecteur du métal. Son argument donne la perte de phase.

Si la force magnétique est perpendiculaire au plan d'incidence, c'est-à-dire si le plan de polarisation est perpendiculaire au plan d'incidence, on trouvera

$$\frac{B}{A} = \frac{\lg(i - r)}{\lg(i + r)},$$

Le rapport est encore imaginaire : le carré de son module et son argument ont la même signification physique que précédemment.

74. Ces formules ont été vérifiées par l'expérience d'une façon assez satisfaisante.

Cette vérification suppose, bien entendu, que pour chaque rayon homogène de couleur déterminée on donne aux constantes K' et C des valeurs convenables qu'il faut changer quand la couleur change.

La manière dont nous venons de présenter les phénomènes de la réflexion métallique influe seulement sur la réflexion des vibrations très lente ou très rapide, mais reste indifférente quand il s'agit des oscillations hertziennes, dont la durée est intermédiaire.

C'est de cette circonstance que nous allons essayer de rendre compte maintenant.

75. Nous avons trouvé que la force électrique X en un point du métal était proportionnelle a un certain facteur exponentiel $e^{-c'_2 z}$; c'_2 étant en général très grand, la vibration ne pénètre qu'à une profondeur très faible dans le métal ; cette profondeur est du même ordre de grandeur que $\dfrac{1}{c'_2}$ d'autant plus petit par conséquent que c'_2 est plus grand.

Divisons membre à membre les deux relations

$$b^2 + c'^2 = b^2 + c'^2_1 - c'^2_2 + 2c'_1 c'_2 \sqrt{-1} = \left(K' - \frac{4\pi c \sqrt{-1}}{p} \right) p^2$$

et

$$b^2 + c^2 = Kp^2$$

nous obtenons :

$$\frac{b^2 + c'^2_1 - c'^2_2}{b^2 + c^2} + \sqrt{-1}\, \frac{2c'_1 c'_2}{b^2 + c^2} = \frac{K'}{K} - \sqrt{-1}\, \frac{4\pi c}{pK}$$

La partie réelle $\dfrac{K'}{K}$ du second membre est en général finie.

En ce qui concerne la partie imaginaire :

$$C = 1{,}25 \quad 10^{-4} \quad CGS \ (^1)$$

(pour le cuivre)

$$p = 2\pi \ 10^{+15}$$

$$K = \frac{1}{V^2} = \frac{1}{9^{-1} \ 10^{-20}}.$$

Le coefficient de $\sqrt{-1}$ est donc voisin de :

$$\frac{4\pi \times 1{,}25 \times 10^{-4}}{2\pi \times 10^{15} \times 9^{-1} \times 10^{-20}} = 2{,}50 \times 90,$$

pour les oscillations les plus rapides ; pour des oscillations plus lentes, cette valeur serait plus grande.

Le coefficient a donc toujours une valeur très grande, il faut donc que c_1' et c_2' aient tous les deux une très grande valeur par rapport à b et à c. D'autre part, puisque la partie réelle est finie, il faut que $c_1'^2 - c_2'^2$ soit du même ordre que b^2. $\dfrac{c_1'}{c_2'}$ sera très voisin de 1, et on pourra prendre approximativement :

$$\frac{2c_2'}{b^2 + c^2} = \frac{4\pi C}{pK}$$

ou :

$$c_2' = \sqrt{2\pi C p}$$

en remarquant que $b^2 + c^2 = Kp^2$; c_2' est donc proportion-

---

(^{1}) Je fais le calcul comme si la valeur de C qu'il convient de prendre pour des oscillations rapides était la même que pour des oscillations lentes. Nous verrons plus loin qu'il n'en est pas ainsi et que cette circonstance modifie profondément les résultats.

nel à $\sqrt{p}$ et par conséquent la profondeur à laquelle pénètre la vibration, qui est inversement proportionnelle à c'_2, est proportionnelle à $\dfrac{1}{\sqrt{p}}$; comme p est en raison inverse de la longueur d'onde, la profondeur limite est en définitive proportionnelle à la racine carrée de la longueur d'onde.

Pour les oscillations très lentes, le courant pénètre à une profondeur finie, comparable aux dimensions du conducteur. La conductibilité du métal aura une influence.

Pour les oscillations hertziennes, la profondeur est très petite en valeur absolue, et très petite par rapport à la longueur d'onde: la nature du métal n'intervient plus.

Pour les oscillations très rapides, la profondeur devient comparable à la longueur d'onde, et la nature du métal reprend une influence.

76. Cette théorie due à M. Brillouin (*Bulletin des Sciences mathématiques*, 1891) n'est pas suffisante pour rendre complètement compte des faits.

En effet, les expériences faites sur les métaux peuvent donner les valeurs de n et de g. Pour les rayons violets tombant sur l'argent, on a trouvé:

$$n = 0,2 \qquad g = 2$$

$$\frac{K'}{K} = \frac{4\pi C \sqrt{-1}}{K} = n^2 - g^2 - 2ng\sqrt{-1}$$

Puisque nous avons $g > n$ pour l'argent (et d'ailleurs pour la plupart des métaux), K' doit être négatif: c'est là une très grande difficulté.

C est déterminé par l'équation

$$4\pi C = 2ngpK$$

Les quantités du second membre sont connues expérimentalement. Pour les rayons violets et l'argent par exemple :

$$n \doteq 0,2 \qquad g = 2$$
$$p = 2\pi \times 0,8 \times 10^{15}$$
$$K = \frac{1}{V^2} = 9^{-1}\, 10^{-20}$$

$$C = 0,4 \times 0,8 \times 10^{15} \times 9^{-1} \times 10^{-20}.$$

Ou environ $0,04$, $(10^{-3} = 4,\ 10^{-7}$. Cette valeur est environ
trois cent fois plus faible que celle donnée par les mesures
ordinaires de résistance, qui est voisine de $1,25 \times 10^{-4}$.

Les formules que nous avons adoptées ne représentent
donc pas les faits. A la vérité, nous le savions déjà puisque
dans le cas même des diélectriques transparents, si la formule

$$4\pi f = KX$$

était exacte, il n'y aurait pas de dispersion. De plus, la valeur
de K mesurée électrostatiquement diffère souvent beaucoup
du carré de l'indice de réfraction optique. Est-ce là encore
un résultat de la dispersion? Bien des personnes inclinent
aujourd'hui à le penser; en tout cas, il serait curieux de vérifier si, pour les corps qui présentent le plus grand écart, le
terme de Briot est plus grand que pour les autres.

Mais, si nos formules sont incomplètes, comment se fait-il
qu'elles rendent compte des lois de la réflexion quand on se
borne à une lumière homogène et à la condition de changer
les constantes quand on passe à une lumière homogène de
couleur différente?

Il est aisé de s'en rendre compte. Supposons qu'au lieu des

formules :

$$K \frac{dX}{dt} = \frac{d\gamma}{dy} - \frac{d\beta}{dz},$$

ou

$$K \frac{d^4X}{dt^2} = \Delta X = \frac{d}{dx} \left(\frac{dX}{dx} + \frac{dY}{dy} + \frac{dZ}{dz} \right),$$

nous ayons adopté les suivantes

$$- K_0 X + K_1 \frac{d^2X}{dt^2} - K^2 \frac{d^4X}{dt^4} = \Delta X - \frac{d}{dx} \left(\frac{dX}{dx} + \frac{dY}{dy} + \frac{dZ}{dz} \right).$$

En remarquant que

$$\frac{dX}{dt} = p \sqrt{-1} \, X$$

$$\frac{d^2X}{dt^2} = - p^2 X$$

$$\frac{d^nX}{dt^n} = p^n \left(\sqrt{-1} \right)^n X,$$

nous aurions pu écrire :

$$\left(\frac{K_0}{p^2} + K_1 + K_2 p_2 \right) \frac{d^2X}{dt^2} = \Delta X - \frac{dJ}{dx} \cdots;$$

avec

$$J = \frac{dX}{dx} + \frac{dY}{dy} + \frac{dZ}{dz}.$$

Nous retomberions alors sur nos formules primitives avec cette différence que le coefficient de $\frac{d^2X}{dt^2}$ dépendrait de p.

De même dans le cas de la réflexion métallique nous aurions pu adopter les formules :

$$K_0 X + K_1 \frac{dX}{dt} + K_2 \frac{d^2X}{dt^2} + K_3 \frac{d^3X}{dt^3} = \Delta X - + \frac{dJ}{dx} \cdots;$$

d'où nous aurions déduit :

$$\left(-\frac{K_0}{p_2} + K_2 - \frac{K_1\sqrt{-1}}{p} + \frac{K_3\sqrt{-1}}{p^3}\right)\frac{d^2X}{dt^2} = \Delta X - \frac{dJ}{dx},$$

équation de même forme, mais avec des coefficients imaginaires.

Les calculs seraient les mêmes qu'avec les formules primitives, car, si l'on opère sur une lumière homogène, p est une constante donnée, et le coefficient de $\dfrac{d^2X}{dt^2}$ est constant.

Il est probable toutefois que la théorie définitive de la dispersion est notablement plus compliquée.

77. Cas particulier. Oscillations hertziennes. — Dans le cas particulier des oscillations hertziennes le terme

$$\frac{4\pi C}{pK}$$

est très grand, il est égal approximativement à :

$$\frac{4\pi \times 1.25 \times 10^{-1}}{2\pi.\ 10^8.\ 9^{-1}.\ 10^{-20}} = 22.10^3,$$

En admettant que $p = 2\,\pi\,10^8$, $n - g\sqrt{-1}$ sera donc très grand en valeur absolue, et comme

$$\sin i = \left(n - g\sqrt{-1}\right)\sin r,$$

$\sin r$ sera très petit en valeur absolue.

78. Supposons la force électrique perpendiculaire au plan d'incidence.

$$\frac{B}{A} = \frac{\sin(r - i)}{\sin(r + i)},$$

r est sensiblement nul ; alors

$$\frac{B}{A} = -\,1.$$

La force électrique réfléchie a même amplitude que la force électrique incidente ; mais elles ont une différence de phase d'une demi-période ; sur le plan de réflexion elles sont égales et de signes contraires : leur résultante est nulle.

79. Suppposons la force magnétique perpendiculaire au plan d'incidence.

$$\frac{B}{A} = \frac{\tang\,(i - r)}{\tang\,(i + r)} = +\,1.$$

La force magnétique incidente et la force magnétique réfléchie ont même amplitude et même phase ; sur le plan de réflexion elles s'ajoutent.

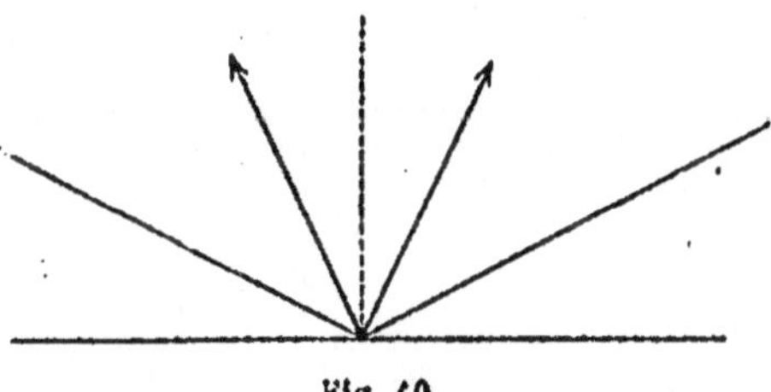

Fig. 40.

Les forces électriques réfléchie et incidente ont aussi même amplitude et même phase, puisque dans le cas d'une onde plane la force électrique est proportionnelle à la racine carrée de l'intensité et, par conséquent, à la force magnétique, et qu'il y a entre ces deux forces une différence de phase d'un quart de période. Mais les forces électriques n'ont pas la même direction: elles font des angles égaux avec la normale au plan de réflexion (*fig.* 10).

Si nous les projetons sur cette normale, les projections s'ajouteront, mais leurs projections sur le plan de réflexion se détruisent. Par conséquent la composante tangentielle de la force électrique est nulle, et cette force est normale au plan.

A la surface d'un conducteur la force électrique est donc normale, comme cela aurait lieu pour un conducteur parfait.

CHAPITRE VI

PROPAGATION RECTILIGNE DE LA LUMIÈRE

80. Étude des ondes sphériques. — Jusqu'ici nous n'avons considéré que des solutions très particulières des équations du mouvement, celles qui correspondent aux ondes planes.

Nous allons chercher à généraliser notre étude et considérer d'autres solutions de ces équations. Rappelons d'abord leur forme.

En posant :

$$0 = \frac{d\xi}{dx} + \frac{d\eta}{dy} + \frac{d\zeta}{dz},$$

nous avons trouvé

$$\rho \frac{d^2\xi}{dt^2} = \mu \left(\Delta\xi - \frac{d\theta}{dx} \right), \text{ etc.}$$

ou

$$\frac{d^2\xi}{dt^2} = V^2 \left(\Delta\xi - \frac{d\theta}{dx} \right)$$

en prenant :

$$V^2 = \frac{E}{\rho}.$$

En général nous supposerons $\vartheta = 0$, et les équations se réduiront à

$$\frac{d^2\xi}{dt^2} = V^2 \Delta\xi$$

$$\frac{d^2\eta}{dt^2} = V^2 \Delta\eta$$

$$\frac{d^2\zeta}{dt^2} = V^2 \Delta\zeta$$

ξ, η, ζ étant de plus assujettis à la condition

$$\vartheta = 0.$$

Si nous nous plaçons au point de vue de la théorie électro-magnétique, nous aurons les mêmes équations pour la force magnétique (α, β, γ) et pour la force électrique X, Y, Z.

$$\frac{d^2\alpha}{dt^2} = V^2 \Delta\alpha$$

$$\frac{d^2\beta}{dt^2} = V^2 \Delta\beta$$

$$\frac{d^2\gamma}{dt^2} = V^2 \Delta\gamma,$$

avec

$$\frac{d\alpha}{dx} + \frac{d\beta}{dy} + \frac{d\gamma}{dz} = 0$$

et

$$\frac{d^2X}{dt^2} = V^2 \Delta X$$

$$\frac{d^2Y}{dt^2} = V^2 \Delta Y$$

$$\frac{d^2Z}{dt^2} = V^2 \Delta Z,$$

avec

$$\frac{dX}{dx} + \frac{dY}{dy} + \frac{dZ}{dz} = 0.$$

Comme dans le premier cas, le problème se ramène à trouver trois solutions de l'équation fondamentale, ces trois solutions devant obéir à une relation différentielle.

81. Mais le problème peut se simplifier encore, car il suffit de trouver trois solutions indépendantes de l'équation pour former celles qui nous conviennent.

Soient en effet, u, v, w, trois solutions indépendantes de l'équation fondamentale

$$(1) \qquad \frac{d^2u}{dt^2} = V^2 \Delta u, \text{ etc.}$$

Faisons :

$$\xi = \frac{dw}{dy} - \frac{dv}{dz}$$

$$\eta = \frac{du}{dz} - \frac{dw}{dx}$$

$$\zeta = \frac{dv}{dx} - \frac{du}{dy}.$$

ξ, η, ζ ainsi déterminés satisferont à toutes les conditions.

En effet, puisque u, v, w sont des solutions de l'équation fondamentale, on a :

$$\frac{d^2}{dt^2}\left(\frac{dw}{dy}\right) = V^2 \Delta \left(\frac{dw}{dy}\right)$$

$$\frac{d^2}{dt^2}\left(\frac{dv}{dz}\right) = V^2 \Delta \left(\frac{dv}{dz}\right).$$

Retranchons la deuxième de la première, il vient :

$$\frac{d^2\xi}{dt^2} = V^2\Delta\xi.$$

Il est facile en outre de vérifier que :

$$\frac{d\xi}{dx} + \frac{d\eta}{dy} + \frac{d\zeta}{dz} = 0$$

identiquement. Les fonctions ξ, η, ζ satisfont donc bien aux conditions demandées.

82. De même pour les équations de la théorie électromagnétique, il suffira de trouver trois solutions indépendantes de l'équation fondamentale ; à l'aide de celles-là, on pourra en former d'autres vérifiant l'équation de continuité.

Soient en effet φ_1, φ_2, φ_3, trois fonctions satisfaisant à l'équation :

$$\frac{d^2\varphi}{dt^2} = V^2\Delta\varphi.$$

Posons :

$$\alpha = \frac{d^2\varphi_3}{dt\,dy} - \frac{d^2\varphi_2}{dt\,dz}$$

$$\beta = \frac{d^2\varphi_1}{dt\,dz} - \frac{d^2\varphi_3}{dt\,dx}$$

$$\gamma = \frac{d^2\varphi_2}{dt\,dx} - \frac{d^2\varphi_1}{dt\,dy}.$$

On vérifierait comme dans le cas précédent que ces fonctions sont bien des solutions de l'équation fondamentale ; α, β, γ sont formés avec $\frac{d\varphi_1}{dt}$, $\frac{d\varphi_2}{dt}$, $\frac{d\varphi_3}{dt}$, comme ξ, η, ζ avec u, v, w et ces dérivées $\frac{d\varphi}{dt}$ satisfont aussi à l'équation fondamentale. Il est aisé de voir aussi qu'on a identiquement

$$\frac{d\alpha}{dx} + \frac{d\beta}{dy} + \frac{d\gamma}{dz} = 0.$$

En ce qui concerne la force électrique, si je remplace α, β, γ par leurs expressions dans les relations

$$K\frac{dX}{dt} = \frac{d\gamma}{dy} - \frac{d\beta}{dz}$$

je trouve :

$$K\frac{dX}{dt} = \frac{d^2 J}{dt\,dx} - \Delta\frac{d\gamma}{dt}$$

en posant pour abréger :

$$J = \frac{d\gamma_1}{dx} + \frac{d\gamma_2}{dy} + \frac{d\gamma_3}{dz}.$$

Intégrons par rapport à t en supposant que toutes les quantités soient nulles à l'origine du temps, il viendra :

$$KX = \frac{dJ}{dx} - \Delta\gamma_1$$

$$KY = \frac{dJ}{dy} - \Delta\gamma_2$$

$$KZ = \frac{dJ}{dz} - \Delta\gamma_3.$$

Hertz a procédé de cette façon dans l'étude de son excitateur : il a pris :

$$\gamma_2 = \gamma_3 = 0$$

et :

$$\gamma_1 = \frac{\sin p\left(t - \dfrac{r}{v}\right)}{r}$$

r étant le rayon vecteur $\sqrt{x^2 + y^2 + z^2}$. Cette fonction satisfait à l'équation fondamentale ; elle est finie et continue en tout point, sauf à l'origine des coordonnées.

Mais cette solution particulière ne peut pas représenter ce qui se passe dans une onde lumineuse sphérique telle que nous les observons habituellement, c'est-à-dire une onde sphérique produite par une source de dimensions infiniment petites, assimilable à un point lumineux, et étudiée en un point très éloigné de la source. Supposons l'excitateur placé à l'origine et une sphère de rayon très grand ayant son centre à l'origine : il est facile de voir que pour les points de cette sphère l'intensité est proportionnelle au carré du sinus de l'angle que fait le rayon vecteur avec Ox. Au contraire, avec une onde lumineuse naturelle, l'intensité serait sensiblement la même dans toutes les directions.

Pour que le calcul rende compte de ce qui se passe dans le cas de l'onde lumineuse, il faut chercher une solution beaucoup plus générale que celle de Hertz.

Nous pouvons d'abord remplacer la fonction de Hertz

$$\psi = \frac{\sin p \left(t - \dfrac{r}{v} \right)}{r}$$

par une quelconque de ses dérivées $\dfrac{d\psi}{dx}$, $\dfrac{d^2\psi}{dx\,dy}$, etc., ou par une combinaison linéaire de ces dérivées. Enfin, pour avoir la solution la plus générale, il faudrait adopter pour les trois fonctions φ_1, φ_2, φ_3 des combinaisons linéaires des dérivées de tous les ordres de cette fonction ψ.

83. Propagation rectiligne de la lumière parallèle. —

Poisson ne pouvait comprendre (cf. sa correspondance avec

Fresnel) comment, dans la théorie des ondulations, il était possible que la lumière se propageât en ligne droite.

C'est ce dont nous allons essayer de nous rendre compte.

Considérons un faisceau de rayons parallèles

$$\xi = A e^{\sqrt{-1}\,p\left(\frac{z}{V} - t\right)}$$

$$\eta = B e^{\sqrt{-1}\,p\left(\frac{z}{V} - t\right)}$$

$$\zeta = C e^{\sqrt{-1}\,p\left(\frac{z}{V} - t\right)}$$

p est un très grand nombre ; il est égal à 2π multiplié par le nombre des oscillations par seconde ; $\dfrac{p}{V} = \dfrac{2\pi}{\lambda}$ est aussi un très grand nombre, λ étant la longueur d'onde qui est très petite.

Lorsqu'il s'agit d'une onde plane, A, B, C sont des constantes : il n'en est plus de même ici : nous supposerons que A, B, C sont fonctions de x, y, z, t, mais que ces fonctions ne varient pas très rapidement, de telle sorte qu'elles soient continues ainsi que leurs dérivées.

ξ doit satisfaire à l'équation fondamentale :

$$\frac{d^2\xi}{dt^2} = V^2 \Delta \xi.$$

Or, d'après la formule de Leibnitz,

$$\frac{d^2\xi}{dt^2} = \frac{d^2A}{dt^2} e^p - 2\sqrt{-1}\,p\,\frac{dA}{dt}\,e^p - p^2 A e^p$$

$$\frac{d^2\xi}{dz^2} = \frac{d^2A}{dz^2} e^p + 2\sqrt{-1}\,\frac{p}{V}\,\frac{dA}{dz}\,e^p - \frac{p^2}{V^2} A e^p$$

$$\frac{d^2\xi}{dx^2} = \frac{d^2A}{dx^2} e^p\,.$$

$$\frac{d^2\xi}{dy^2} = \frac{d^2A}{dy^2} e^p$$

en posant

$$P = \sqrt{-1}\, p \left(\frac{V}{z} - t \right)\cdot$$

Substituons et supprimons le facteur e^P.

$$V^2 \Delta A + 2\sqrt{-1}\, p V \frac{dA}{dz} - p^2 A = \frac{d^2 A}{dt^2} - 2\sqrt{-1}\, p \frac{dA}{dt} - p^2 A$$

ou

$$2\sqrt{-1}\, p \left(V \frac{dA}{dz} + \frac{dA}{dt} \right) = \frac{d^2 A}{dt^2} - V^2 \Delta A. \qquad (1)$$

p étant très grand, nous pouvons développer A suivant les puissances croissantes de $\frac{1}{p}\cdot$

$$A = A_0 + \frac{A_1}{p} + \frac{A_2}{p^2} + \cdots$$

Substituons dans l'équation et identifions les coefficients des mêmes puissances de $\frac{1}{p}\cdot$

$$V \frac{dA_0}{dz} + \frac{dA_0}{dt} = 0$$

$$2\sqrt{-1}\, V \left(\frac{dA_1}{dz} + \frac{dA_1}{dt} \right) = \frac{d^2 A_0}{dt_2} - V^2 \Delta A_0$$

$$2\sqrt{-1}\, V \left(\frac{dA_2}{dz} + \frac{dA_2}{dt} \right) = \frac{d^2 A_1}{dt^2} - V^2 \Delta A_1$$

$$\text{etc.}$$

Ces relations permettent de résoudre le problème.

En général les dérivées $\frac{d^2 A_0}{dt^2} \cdots$ etc. seront finies, la seconde équation donnera une valeur finie pour A_1 ; $\frac{A_1}{p}$ sera négligeable et il restera seulement $\Lambda = \Lambda_0$ avec

$$V \frac{d\Lambda_0}{dz} + \frac{d\Lambda_0}{dt} = 0,$$

d'où :

$$\Lambda_0 = f(z - Vt, x, y).$$

Comme l'intensité est proportionnelle à Λ_0^2, on voit qu'elle se propage dans la direction de Oz avec une vitesse V, ce qui explique pourquoi la lumière se propage en ligne droite.

Mais le faisceau ne pourra être aussi délié que nous le voudrons. Supposons en effet que ce faisceau soit limité par un cylindre de section très petite : Λ aurait des valeurs très grandes dans l'intérieur du cylindre et très petites à l'extérieur : il faudrait donc que Λ variât très rapidement sur les bords du faisceau. Ses dérivées deviendraient très grandes et $\frac{\Lambda_t}{p}$ ne serait plus négligeable, parce que Λ_t deviendrait très grand : il se produirait des phénomènes de diffraction.

En raisonnant sur B et C comme nous venons de le faire sur A, nous arriverions aux mêmes conclusions.

En outre, ξ, η, ζ doivent vérifier l'équation de transversalité :

$$\frac{d\xi}{dx} + \frac{d\eta}{dy} + \frac{d\zeta}{dz} = 0$$

qui devient, en substituant à ξ, η, ζ leurs expressions et supprimant le facteur e^p.

$$\frac{d\Lambda}{dx} + \frac{dB}{dy} + \frac{dC}{dz} = \frac{\sqrt{-1}}{V} p \, C.$$

Développons A, B, C suivant les puissances croissantes de $\frac{1}{p}$:

$$A = A_0 + \frac{A_1}{p} + \cdots\cdots$$

$$B = B_0 + \frac{B_1}{p} + \cdots\cdots$$

$$C = C_0 + \frac{C_1}{p} + \cdots\cdots$$

Faisons la substitution et égalons les coefficients des mêmes puissances de $\frac{1}{p}$:

$$\frac{\sqrt{-1}\,C_0}{V} = 0,$$

donc

$$C_0 = 0.$$

Par conséquent C est très petit, de l'ordre de $\frac{1}{p}$ et dans une première approximation on peut prendre

$$\zeta = 0.$$

A ce degré d'approximation, la vibration est donc parallèle au plan de l'onde

84. Réflexion totale. — J'ai supposé jusqu'ici qu'on avait

affaire à une onde plane ordinaire, mais il ne sera peut-être pas sans intérêt, on verra tout à l'heure pourquoi, d'examiner ce qui se passe dans le cas des ondes planes évanescentes produites par la réflexion totale.

Si l'onde lumineuse se réfléchit (la force électrique étant

perpendiculaire au plan d'incidence), nous aurons en reprenant les notations que nous avons déjà employées :

Pour l'onde incidente

$$X = Ae^{\sqrt{-1}\,(by + cz + pt)};$$

Pour l'onde réfléchie

$$X = Be^{\sqrt{-1}\,(by - cz + pt)};$$

Et enfin pour l'onde réfractée

$$X = Ce^{\sqrt{-1}\,(by + c'z + pt)}.$$

Au premier degré d'approximation, c'est-à-dire en supposant la propagation perpendiculaire à l'onde, ce qui revient à négliger les termes en $\dfrac{1}{p}$, l'équation (1) du numéro précédent deviendrait :

$$V\frac{dA}{dz} + \frac{dA}{dt} = 0,$$

puisque

$$V\frac{dA_0}{dz} + \frac{dA_0}{dt} = 0.$$

Mais dans le numéro précédent nous avions supposé l'onde parallèle au plan des xy ; nous ne faisons plus ici la même hypothèse ; on trouve alors en se bornant toujours à la première approximation :

$$
\begin{aligned}
V^2 \left(b\frac{dA}{dy} + c\frac{dA}{dz} \right) - p\frac{dA}{dt} &= 0\\[4pt]
V^2 \left(b\frac{dB}{dy} - c\frac{dB}{dz} \right) - p\frac{dB}{dt} &= 0\\[4pt]
V^2 \left(b\frac{dC}{dy} + c'\frac{dC}{dz} \right) - p\frac{dC}{dt} &= 0.
\end{aligned}
\tag{2}
$$

Écrivons maintenant les conditions aux limites; X et $\frac{dX}{dz}$ doivent être continus quand on traverse la surface réfléchissante :

$$\Lambda + B = C$$

$$(3) \qquad (\Lambda - B)\, C + \frac{d\Lambda}{dz} + \frac{dB}{dz} = Cc' + \frac{dC}{dz}.$$

mais les dérivées par rapport à z sont négligeables vis-à-vis des autres termes, et on peut écrire :

$$(4) \qquad (\Lambda - B)\, c = Cc'.$$

Supposons qu'à l'origine nous ayons une perturbation se propageant vers la surface réfléchissante, mais circonscrite dans une certaine région, n'ayant aucun point commun avec cette surface ; nous nous donnons A qui est nul d'ailleurs en dehors de la région considérée ; de même B et C sont nuls. Nous pourrons calculer alors les valeurs de A, B, C à un instant ultérieur à l'aide des équations ci-dessus.

Si le milieu inférieur est le plus réfringent ou si le contraire ayant lieu, l'angle limite n'est pas dépassé, il n'y a rien à ajouter ; les trois équations (2) signifient que la propagation se fait perpendiculairement au plan de l'onde. Mais, s'il y a réflexion totale, c' devient imaginaire. Posons :

$$c' = c_1\sqrt{-1}.$$

Alors :

$$X = Ce^{-c_1 z}\cos(by + pt).$$

La présence de ce cosinus a induit Cauchy en erreur. Il a conclu que ce rayon se propageait parallèlement à oy, c'est-à-dire à la surface réfléchissante avec une vitesse $\frac{v}{b}$ et il a cru

observer un tel rayon dans une lunette rasant la surface réfléchissante. Mais cette observation n'a pas été vérifiée par les expériences ultérieures, en particulier par les expériences que M. Quincke a faites sur les anneaux colorés. Nous avons vu qu'en faisant tomber de la lumière sur la base d'un prisme à réflexion totale, au point de contact de cette base avec une lentille, on observait des anneaux ou plutôt une tache lumineuse. Si le rayon tombe en dehors du point de contact et que le rayon réfracté se propage parallèlement à la surface comme le veut Cauchy, on observera encore des anneaux : or rien de pareil n'a été observé. Il est aisé de le comprendre.

Les équations (2) sont encore les mêmes pour les ondes imaginaires, mais elles ne doivent plus recevoir la même interprétation. Les deux premières montrent encore que le rayon se propage perpendiculairement au plan d'onde, mais la dernière n'a plus la même signification quand on y fait c' imaginaire.

Les équations (3) et (4) nous apprennent d'abord quelles sont les valeurs de A, B, C sur la surface réfléchissante, et en particulier que ces valeurs sont nulles en dehors des parties de cette surface où tombent les rayons incidents.

La troisième équation (2) nous permettrait ensuite de calculer C en un point situé à distance finie de cette surface; mais cela est inutile; en un pareil point, en effet, quel que soit C, X sera négligeable à cause du facteur $c^{-c'z}$ qui est très petit dès que z atteint une valeur notable. Ainsi pas de lumière près de la surface réfléchissante en dehors des points où tombent les rayons incidents à cause des équations (3) et

(4); pas de lumière non plus loin de cette surface à cause de ce facteur exponentiel.

85. Étude des faisceaux très déliés. — Il est possible de nous représenter d'une manière un peu plus précise le degré de ténuité que peut prendre le faisceau lumineux sans que les lois de la propagation soient changées. Considérons la fonction de Bessel

$$J_0(x) = 1 - \frac{x^2}{2^2} + \frac{x^4}{2^2.4^2} - \frac{x^6}{2^2.4^2.6^2}.$$

Cette série est convergente quel que soit x, et il est aisé de vérifier qu'elle satisfait à la relation :

$$\frac{d^2 J_0}{dx^2} + \frac{1}{x} \frac{d J_0}{dx} + J_0 = 0.$$

Si nous construisons la courbe

$$y = J_0(x),$$

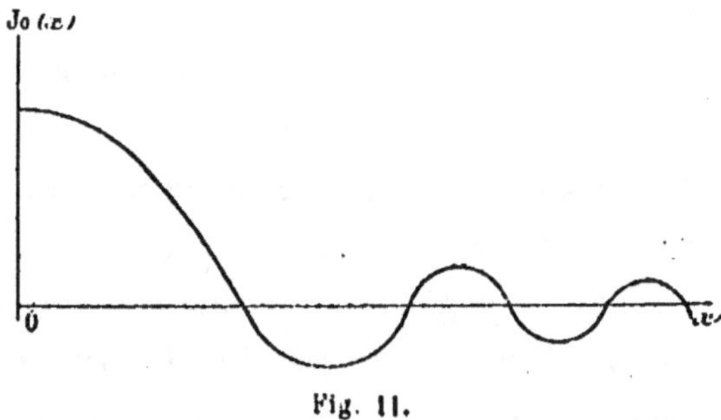

Fig. 11.

cette courbe sera symétrique par rapport à l'axe des y; elle coupe cet axe au point $x = 1$, et présente ensuite des ordonnées maxima et minima qui vont en décroissant à mesure que x devient plus grand (*fig.* 11).

Pour x suffisamment grand, J_0 est représenté asymptotiquement par

$$J_0 = \cos\left(\omega - \frac{\pi}{4}\right)\sqrt{\frac{2}{\pi x}}$$

A partir d'un certain moment, J_0 est donc $< \sqrt{\frac{2}{\pi x}}$. Ainsi pour $x > 64$, J_0 est toujours plus petit que $\frac{1}{10}$.

Reprenons l'équation fondamentale

$$\frac{d^2\xi}{dt^2} = V^2 \Delta\xi.$$

Supposons en particulier que ξ soit une fonction de z, de t et de $\rho = \sqrt{x^2 + y^2}$, autrement dit que ξ ne change pas quand les axes tournent d'un angle quelconque autour de Oz. L'équation prend alors la forme :

$$\frac{1}{V^2}\frac{d^2\xi}{dt^2} = \frac{d^2\xi}{d\rho^2} + \frac{1}{\rho}\frac{d\xi}{d\rho} + \frac{d^2\xi}{dz^2}.$$

Posons :

$$\xi = AJ_0(h\rho)\cos 2\pi\left(\frac{z}{l} - \frac{t}{T}\right).$$

A, h, l, T étant des constantes.

T est la période, l une quantité analogue à la longueur d'onde $\lambda = VT$. Nous pourrons appeler l longueur d'onde apparente par opposition à la longueur d'onde normale λ.

Pour que ξ satisfasse à l'équation fondamentale, il faut que ces quatre constantes soient liées par une relation. En effet :

$$\frac{d^2\xi}{d\rho^2} + \frac{1}{\rho}\frac{d\xi}{d\rho} + h^2\xi = 0,$$

puisque seul le facteur $J_0\,(h\rho)$ dépend de ρ.

$$\frac{d^2\xi}{dx^2} = -\frac{4\pi^2}{l^2}\,\xi$$

$$\frac{d^2\xi}{dt^2} = -\frac{4\pi^2}{T^2}\,\xi.$$

Substituons ces valeurs dans l'équation et nous obtenons la condition :

$$\frac{h^2}{4\pi^2} = \frac{1}{V^2 T^2} - \frac{1}{l^2} = \frac{1}{\lambda^2} - \frac{1}{l^2}.$$

Cette formule nous apprend que l n'est pas égal à λ, mais que $l > \lambda$.

Mais nous ne pourrons pas supposer que cette différence $l - \lambda$ soit grande, car les phénomènes différeraient trop alors des phénomènes lumineux pour qu'il nous soit permis d'appliquer nos équations à ces derniers. La valeur de $l - \lambda$ nous donnera donc en quelque sorte une mesure de la finesse que peut prendre un faisceau lumineux, sans que les lois de la propagation soient troublées.

Pour plus de clarté, prenons quelques nombres. Posons par exemple :

$$\rho = \frac{64}{h} \qquad \text{ou} \qquad J_0\,(h\rho) = J_0\,(64).$$

D'après ce que nous avons vu, on a :

$$J_0\,(64) < \frac{1}{10}.$$

L'intensité lumineuse est proportionnelle à J_0^2, c'est-à-dire qu'elle sera plus petite que le $\frac{1}{100}$ de l'intensité en un point de Oz, dès que l'on sera à une distance de cet axe égale ou supérieure à $\frac{64}{h}$.

Si nous considérons par exemple un cylindre de révolution autour de Oz et de rayon égal à

$$\rho_0 = 64\,\mu$$

et que nous prenions $\lambda = \frac{1}{2}\,\mu$, nous trouverons que l'erreur relative $\frac{l - \lambda}{\lambda}$ est inférieure à $\frac{1}{300}$.

Avec $\rho_0 = 640\,\mu$, c'est-à-dire un diamètre de un peu plus de 1 millimètre, cette erreur devient inférieure à $\frac{1}{30000}$.

86. On serait tenté de croire, d'après ce qui précède, que la vitesse de propagation d'un faisceau très délié est égale à $\frac{l}{T}$ et par conséquent plus grande que la vitesse normale. Ce serait une erreur.

Reprenons en effet la formule

$$\xi = AJ_0\,(h\rho)\,\cos 2\pi \left(\frac{z}{l} - \frac{t}{T}\right).$$

et posons pour abréger

$$\varphi = J_0\,(h\rho)\,\cos 2\pi \left(\frac{z}{l} - \frac{t}{T}\right).$$

Jusqu'ici A était considéré comme une constante : nous le regarderons maintenant comme une fonction de z et de t.

Substituons à ξ son expression dans l'équation

$$\frac{1}{V^2} \frac{d^2\xi}{dt^2} = \Delta\xi.$$

On a :

$$\frac{d^2\xi}{dz^2} = \frac{d^2A}{dz^2}\varphi + 2\frac{dA}{dz}\frac{d\varphi}{dz} + A\frac{d^2\varphi}{dz^2}$$

$$\frac{d^2\xi}{dx^2} = A\frac{d^2\varphi}{dx^2}$$

$$\frac{d^2\xi}{dy^2} = A\frac{d^2\varphi}{dy^2}$$

$$\frac{1}{V^2}\left(\frac{d^2A}{dt^2}\varphi + 2\frac{dA}{dt}\frac{d\varphi}{dt} + A\frac{d^2\varphi}{dt^2}\right) = \frac{1}{V^2}\frac{d^2\xi}{dt^2}$$

$$A\Delta\varphi = \frac{A}{V^2}\frac{d^2\varphi}{dt^2}.$$

Additionnons ces sept relations membre à membre et faisons les réductions ; il vient :

$$\frac{1}{V^2}\left[\frac{d^2A}{dt^2}\varphi + 2\frac{dA}{dt}\frac{d\varphi}{dt}\right] = \frac{d^2A}{dz^2}\varphi + 2\frac{dA}{dz}\frac{d\varphi}{dz}.$$

D'autre part :

$$\frac{d\varphi}{dt} = J_0\,(h\rho)\,\frac{2\pi}{T}\sin 2\pi\left(\frac{z}{l} - \frac{t}{T}\right)$$

$$\frac{d\varphi}{dz} = -\,J_0\,(h\rho)\,\frac{2\pi}{l}\sin 2\pi\left(\frac{z}{l} - \frac{t}{T}\right).$$

Or $\frac{2\pi}{T}$ et $\frac{2\pi}{l}$ sont des nombres très grands, les autres facteurs sont de l'ordre de φ : $\frac{d\varphi}{dt}$ et $\frac{d\varphi}{dz}$ sont donc très grands vis-à-vis de φ et les termes qui contiennent seulement φ peuvent être négligés en regard de ceux qui contiennent ces dérivées.

Notre relation se réduira donc à :

$$\frac{1}{V^2} \frac{d\Lambda}{dt} \frac{d\varphi}{dt} = \frac{d\Lambda}{dz} \frac{d\varphi}{dz}.$$

Substituons aux dérivées leurs valeurs ; nous trouvons :

$$l \frac{d\varphi}{dz} + T \frac{d\varphi}{dt} = 0,$$

et par suite :

$$- \frac{l}{V^2} \frac{d\Lambda}{dt} = T \frac{d\Lambda}{dz},$$

ou

$$\frac{d\Lambda}{dt} + \frac{V^2 T}{l} \frac{d\Lambda}{dz} = 0.$$

L'intégrale générale de cette équation est la suivante :

$$\Lambda = f\left(z - \frac{V^2 T}{l} t\right).$$

La perturbation se propage donc avec une vitesse $\dfrac{V^2 T}{l} = V \dfrac{\lambda}{l}$.

Cette vitesse est donc moindre que la vitesse normale. Cette différence n'a jamais été observée, ce qui prouve que $l - \lambda$ est toujours négligeable.

87. Propagation de la lumière non parallèle. — Pour étudier ce qui se passe dans le cas où le faisceau est formé de rayons qui ne sont pas parallèles, nous ferons un changement de coordonnées.

Considérons trois fonctions u, v, w de x, y, z et les trois systèmes de surfaces :

$$u = C^{te}, \quad v = C^{te}, \quad w = C^{te}.$$

Nous prendrons comme nouvelles coordonnées u, v, w, et nous supposerons que les surfaces forment un système triple orthogonal.

Considérons deux points dont les coordonnées soient (u, v, w), $(u + du, v, w)$, autrement dit deux points infiniment voisins situés sur une normale à la surface $u = C^{te}$; j'appellerai adu la distance de ces deux points. De même bdv sera la distance de deux points (u, v, w), $(u, v + dv, w)$ infiniment voisins situés sur une normale à la surface $v = C^{te}$; cdw, la distance des deux points (u, v, w) $(u, v, w + dw)$... etc., a, b, c étant des fonctions de (x, y, z).

On démontre alors que :

$$abc \, \Delta\xi = \frac{d}{du}\left(\frac{bc}{a}\frac{d\xi}{du}\right) + \frac{d}{dv}\left(\frac{ca}{b}\frac{d\xi}{dv}\right) + \frac{d}{dw}\left(\frac{ab}{c}\frac{d\xi}{dw}\right).$$

Et l'équation

$$\frac{1}{V^2}\frac{d^2\xi}{dt^2} = \Delta\xi$$

devient dans ce nouveau système

$$\frac{abc}{V^2}\frac{d^2\xi}{dt^2} = \frac{d}{du}\left(\frac{bc}{a}\frac{d\xi}{du}\right) + \cdots$$

Nous ferons en outre sur les systèmes de surfaces une hypothèse particulière. Les surfaces $w = C^{te}$ seront des surfaces parallèles : les trajectoires orthogonales

$$\begin{cases} u = C^{te} \\ v = C^{te} \end{cases}$$

seront les normales communes à ces surfaces ; w sera une longueur comptée sur ces normales, la distance des deux points (u, v, w), $(u, v, w + dw)$ sera dw et par suite $c = 1$.

Considérons deux des surfaces w, prenons sur la première un élément d'aire $d\omega'$ infiniment petit et menons les normales en tous les points de son contour : le pinceau de normales ainsi obtenu découpera sur l'autre surface un élément d'aire $d\omega''$ (fig. 12).

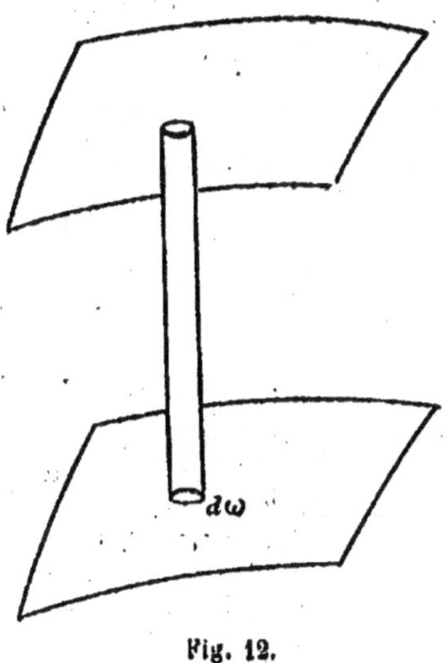

Fig. 12.

Soient a' et b' les valeurs des coefficients a et b relatives à $d\omega'$, a'' et b'' les valeurs relatives à $d\omega''$.

Nous aurons

$$\frac{d\omega'}{a'b'} = \frac{d\omega''}{a''b''}$$

Si donc nous posons :

$$abc = \frac{ab}{c} = s,$$

s sera aux différents points d'un même pinceau de normales infiniment délié proportionnel à la section droite de ce pinceau.

Soit :

$$\xi = A \cos p\, (w - Vt),$$

p étant un très grand nombre (comme ci-dessus). A est une fonction quelconque de (u, v, w). Je suppose que ces dérivées sont finies, ce qui sera vrai en tous les points du faisceau, sauf en général sur les bords.

Il résultera de cette hypothèse que les termes seront de grandeur très différente suivant qu'ils contiendront en facteur p, p^2... ou ne contiendront pas p. Aussi ne conserverons-nous que les termes renfermant au moins p en facteur.

Alors les termes

$$\frac{d}{du}\left(\frac{bc}{a}\frac{d\xi}{du}\right) = \cos p\,(w - Vt)\left(\frac{d}{du}\frac{bc}{a}\frac{dA}{du}\right),$$

$$\frac{d}{dv}\left(\frac{ca}{b}\frac{d\xi}{dv}\right) = \cos p\,(w - Vt)\left(\frac{d}{dv}\frac{ca}{b}\frac{dA}{dv}\right)$$

seront négligeables.

Posons pour abréger

$$p\,(w - Vt) = \omega,$$

il vient :

$$\frac{abc}{V^2}\frac{d^2\xi}{dt^2} = \frac{s}{V^2}\left(\frac{d^2A}{dt^2}\cos\omega + 2\frac{dA}{dt}pV\sin\omega - p^2V^2A\cos\omega\right)$$

$$\frac{d\xi}{dw} = \frac{dA}{dw}\cos\omega - psA\sin\omega$$

$$s\frac{d\xi}{dw} = s\frac{dA}{dw}\cos\omega - pA\sin\omega$$

$$\frac{d}{dw}\left(s\frac{d\xi}{dw}\right) = \frac{d}{dw}\left(s\frac{dA}{dw}\right)\cos\omega - ps\frac{dA}{dw}\sin\omega - pAds\sin\omega$$

$$- ps\frac{dA}{dw}\sin\omega - p^2As\cos\omega.$$

Le premier terme ne contenant pas p est négligeable, il

reste :

$$\frac{d}{dw}\left(s\,\frac{d\frac{z}{s}}{dw}\right) = -p\,\sin\,\omega\left(\frac{2s\,dA + A\,ds}{dw}\right) - p^2 As\,\cos\,\omega.$$

L'équation fondamentale devient donc : en remarquant que les termes en p^2 se détruisent et supprimant les facteurs communs :

$$\frac{1}{V}\,s\,\frac{dA}{dt} = -s\,\frac{dA}{dw} - \frac{1}{2}\,A\,\frac{ds}{dw}$$

ou

$$\frac{\sqrt{s}}{V}\,\frac{dA}{dt} = -\sqrt{s}\,\frac{dA}{dw} - A\,\frac{d\sqrt{s}}{dw}$$

comme s est indépendant de t

$$\frac{1}{V}\,\frac{dA\sqrt{s}}{dt} = -\frac{dA\sqrt{s}}{dw}.$$

Intégrons

$$A\sqrt{s} = f\,(u,\ v,\ w - Vt),$$
$$A = \frac{1}{\sqrt{s}}\,f\,(u,\ v,\ w - Vt).$$

La perturbation se propage donc avec une vitesse V rectiligne dans la direction des normales

$$\begin{cases} u = C^{te} \\ v = C^{te} \end{cases}$$

aux surfaces parallèles $w = C^{te}$.

L'amplitude varie comme $\frac{1}{\sqrt{s}}$ et par suite l'intensité est proportionnelle à $\frac{1}{s}$: c'est-à-dire qu'elle est en raison inverse de la section du faisceau.

Il est à remarquer que cette formule contient toute l'optique géométrique.

88. Les surfaces $w = \mathrm{C^{te}}$ sont les surfaces de l'onde. Comme cas particulier on peut supposer que ce sont des sphères, les rayons lumineux se réduisent alors aux rayons de la sphère.

L'intensité est proportionnelle à $\dfrac{1}{s}$: mais dans le calcul actuel

$$\frac{d\omega}{r^2} = \frac{d\omega'}{r'^2},$$

donc

$$s = r^2$$

et

$$A = \frac{1}{2} f(\varphi, \theta, r - Vt),$$

φ, θ, r étant les coordonnées polaires définies par les relations :

$$x = r \cos \varphi \cos \theta$$
$$y = r \sin \varphi \cos \theta$$
$$z = r \sin \theta.$$

Nous avons à tenir compte encore de la condition de transversalité. Soient :

$$\xi = A \cos p (r - Vt) = A \cos \omega$$
$$\eta = B \cos p (r - Vt) = B \cos \omega$$
$$\zeta = C \cos p (r - Vt) = C \cos \omega.$$

Les fonctions A, B, C ne sont pas indépendantes, mais elles sont liées par une relation que nous obtiendrons précisément en écrivant la condition de transversalité

$$\frac{d\xi}{dx} + \frac{d\eta}{dy} + \frac{d\zeta}{dz} = 0.$$

Or

$$\frac{d\xi}{dx} = \frac{dA}{dx} \cos \omega - A \sin \omega \frac{d\omega}{dr} \frac{dr}{dx} = \frac{dA}{dx} \cos \omega - pA \sin \omega \frac{x}{r}.$$

Le premier terme ne contient pas p et est négligeable. Donc :

$$\frac{d\xi}{dx} = -\frac{p}{r} Ax \sin \omega.$$

$$\frac{d\eta}{dy} = -\frac{p}{r} By \sin \omega.$$

$$\frac{d\zeta}{dz} = -\frac{p}{r} Cz \sin \omega.$$

La condition de transversalité s'écrira :

$$Ax + By + Cz = 0.$$

D'ailleurs

$$x^2 + y^2 + z^2 = r^2.$$

Si trois fonctions réelles A, B, C des coordonnées d'un point de la sphère satisfont à cette relation, il y a forcément sur la sphère deux points au moins pour lesquels simultanément $A = 0, B = 0, C = 0$, et pour lesquels par conséquent l'intensité lumineuse serait nulle. En effet, entre les deux relations :

$$Adx + Bdy + Cdz = 0$$
$$xdx + ydy + zdz = 0$$

on peut éliminer dz par exemple et obtenir une équation

différentielle ordinaire. Cette équation représentera certaines courbes tracées sur la sphère, ces courbes auront des points singuliers pour lesquels $A = B = C = 0$; (cf. mon Mémoire sur les courbes définies par les équations différentielles, *Journal de Lionville*, 3ᵉ série, tome VII).

En effet, on démontre que de semblables courbes ont des points singuliers de deux espèces et que le nombre des points singuliers de première espèce surpasse toujours de deux unités celui des points de deuxième espèce. Il y aura donc toujours sur la sphère au moins deux points singuliers pour ces courbes.

Mais alors dans cette direction, A, B, C étant nuls, l'intensité lumineuse sera nulle. Or l'expérience montre que l'onde sphérique n'est pas ainsi constituée et que l'intensité est la même dans toutes les directions. Mais ceci n'infirme pas la théorie : en effet, les coefficients A, B, C sont variables ; par exemple A est une fonction de ω, de θ, de $r - Vt$. Si nous considérons un point sur une sphère donnée, dans une direction donnée, ω, θ, r ont des valeurs déterminées, mais A varie avec t. Cette variation des coefficients A, B, C est très lente relativement à la durée des vibrations, mais très rapide relativement à nos unités ordinaires par exemple à la durée ($^1/_{10}$ de seconde) de la persistance des impressions lumineuses sur la rétine : dans cet intervalle, A, B, C ont pris un grand nombre de fois toutes les valeurs dont ils sont susceptibles, et on n'observe que l'intensité moyenne. Il convient d'ajouter que la phase ne sera pas la même dans toutes les directions et par conséquent que A, B, C seront imaginaires ; il y aura alors une direction pour laquelle les parties réelles de A, B, C s'annuleront à la fois, et une autre pour laquelle les parties imaginaires seront nulles à la fois ; mais ces deux directions ne coïncideront pas, de sorte qu'il n'y aura pas de direction d'intensité nulle ; mais cette circonstance ne suffirait pas à elle seule pour expliquer l'égalité d'intensité dans toutes les directions.

CHAPITRE VII

PRINCIPE DE HUYGHENS

89. Étude de l'équation fondamentale. — Reprenons l'équation fondamentale, et supposons que la lumière soit homogène, c'est-à-dire que ξ ait la forme particulière :

$$\xi = \xi_1 \cos pt + \xi_2 \sin pt$$

ξ_1, ξ_2 ne dépendant que de x, y, z. Comme l'équation fondamentale ne contient pas le temps, l'expression suivante, obtenue en changeant t en $\left(t - \dfrac{\pi}{2p}\right)$, vérifiera aussi l'équation

$$\xi = \xi_1 \sin pt - \xi_2 \cos pt$$

et, l'équation étant linéaire, elle admettra encore comme solution :

$$(\xi_1 - i\xi_2)\, e^{\sqrt{-1}\, pt}$$

expression obtenue en ajoutant à la première solution la seconde multipliée par $\sqrt{-1}$.

La valeur de ξ correspondant au phénomène physique sera la partie réelle de cette dernière solution.

Posons :

$$\xi_1 - \sqrt{-1}\,\xi_2 = \xi_0.$$

Alors :

$$\frac{d^2\xi_0 e^{\sqrt{-1}\,pt}}{dt^2} = -\,p^2\xi_0 e^{\sqrt{-1}\,pt}.$$

Remplaçons dans l'équation fondamentale

$$V^2\Delta\xi = \frac{d^2\xi}{dt^2}$$

et supprimons le facteur $e^{\sqrt{-1}\,pt}$, il vient :

$$V^2\Delta\xi_0 = -\,p^2\xi_0$$

ou :

$$\begin{cases} V^2\Delta\xi_1 = -\,p^2\xi_1 \\ V^2\Delta\xi_2 = -\,p^2\xi_2 \end{cases}$$

Posons, pour abréger, $\dfrac{p}{V} = \alpha$, ceci pourra s'écrire :

$$\Delta\xi + \alpha^2\xi = 0.$$

Nous avons ainsi à considérer deux équations. Ces équations rappellent par leur forme celle de Laplace $\Delta\xi = 0$ qui définit le potentiel newtonien.

90. Nous allons tâcher de faire ressortir les relations qui peuvent exister, en raison de cette analogie, entre les fonctions ξ et le potentiel newtonien.

A cet effet, supposons que ξ ne dépende que de t et de r, r

étant défini par l'égalité :

$$r^2 = x^2 + y^2 + z^2.$$

D'après une transformation bien connue :

$$\frac{d^2\xi}{dt^2} = V^2 \frac{d^2\xi}{dr^2} + \frac{2}{r}\frac{d\xi}{dr}.$$

En posant $\xi = \dfrac{\varphi}{r}$, cette équation se ramène à la forme de l'équation d'une corde vibrante :

$$\frac{d^2\varphi}{dt^2} = V^2 \frac{d^2\upsilon}{dr^2}$$

dont l'intégrale générale est, comme on le sait :

$$\varphi = f(r - Vt) + f_1(r + Vt).$$

Par suite :

$$\xi = \frac{f(r - Vt)}{r} + \frac{f_1(r + Vt)}{r}.$$

D'après la forme de l'équation différentielle, f et f_1 en sont des solutions particulières.

Nous avons supposé que :

$$\xi_0 = \xi_0 e^{\sqrt{-1}\,pt}.$$

Pour qu'il en soit ainsi, comme ξ_0 est seulement fonction de r, il faut que $\dfrac{f(r - Vt)}{r}$ se réduise à $f(r)\,e^{\sqrt{-1}\,pt}$, ce qui exige que :

$$f(r - Vt) = e^{-\sqrt{-1}\,\frac{p}{V}(r - Vt)}$$

comme on a :

$$e^{-\sqrt{-1}\frac{p}{V}r} = e^{-\sqrt{-1}\,\alpha r}$$

$$f(r - Vt) = e^{-\sqrt{-1}\,\alpha r}\,e^{\sqrt{-1}\,pt}.$$

D'où :

$$\xi = \frac{e^{-\sqrt{-1}\,\alpha r}\,e^{\sqrt{-1}\,pt}}{r}.$$

Cette expression vérifie l'équation :

$$\Delta\xi + \alpha^2\xi = 0 ;$$

il en est de même de la fonction :

$$\xi_0 = \frac{e^{-\sqrt{-1}\,\alpha r}}{r}$$

et de la suivante :

$$\xi_1 = \frac{e^{+\sqrt{-1}\,\alpha r}}{r}$$

obtenue en changeant α en $-\alpha$, puisque l'équation ne contient que α^2.

Enfin les parties réelles et imaginaires de ξ_1 et ξ_2 sont séparément des solutions, ce qui nous conduit finalement aux solutions :

$$\xi = \frac{\cos \alpha r}{r} \qquad \xi = \frac{\sin \alpha r}{r}.$$

La seconde de ces fonctions présente une circonstance particulière, qui doit fixer notre attention. Tandis que toutes les autres deviennent infinies pour $r = 0$, celle-ci reste finie et égale à α pour $r = 0$; de plus, ξ est très petit pour r très grand.

Il semble donc que nous puissions satisfaire à toutes les conditions du mouvement lumineux en prenant :

$$\xi = \frac{\sin \alpha r \cos pt}{r}.$$

Or, si la fonction était ainsi représentée à l'origine du temps, le mouvement lumineux se continuerait indéfiniment sans exiger l'intervention d'une énergie étrangère. Cette conséquence nous avertit immédiatement que les solutions de cette forme ne peuvent convenir à la question. Nous reviendrons plus loin sur ce point.

91. Reportons-nous à la solution :

$$\xi = \frac{f(r - Vt)}{r}.$$

Soient un certain nombre de points fixes ayant pour coordonnées $x_1, y_1, z_1 ..., x_i, y_i, z_i ..., x_n, y_n, z_n$. Soient $r_1,... r_i,... r_n$ les distances du point mobile (x, y, z) à chacun de ces points fixes.

Nous aurons comme solutions particulières de notre équation :

$$\xi_1 = \frac{f_1 (r_1 - Vt)}{r_1}$$

$$\xi_2 = \frac{f_2 (r_2 - Vt)}{r_2}$$

$$. . . . .$$

$$\xi_n = \frac{f_n (r_n - Vt)}{r_n}$$

L'équation étant linéaire, la somme de ces fonctions sera

aussi une solution :

$$\xi = \sum_0^n \frac{f_i\,(r_i - Vt)}{r_i}.$$

L'équation de Laplace

$$\Delta\xi = o$$

admet comme solutions :

$$\frac{1}{r_1}, \qquad \frac{1}{r_2}\ldots\frac{1}{r_i}\ldots\frac{1}{r_n}$$

et par conséquent :

$$\xi = \sum_0^n \frac{m_i}{r_i}$$

Quelles que soient les constantes m_i, ξ est alors le potentiel des masses m_1, $m_2\ldots m_n$ situées aux points $(x_1, y_1, z_1)\ldots (x_n, y_n, z_n)$.

Nous voyons que l'analogie est complète.

Nous pouvons dire en effet qu'aux points fixes se trouvent des masses attirantes, la loi d'attraction étant telle que le potentiel soit représenté par :

$$\xi = \sum_0^n \frac{f_i\,(r_i - Vt)}{r_i}.$$

92. Dans l'étude du potentiel newtonien, on passe du potentiel d'une masse attirante isolée à celui d'un volume attirant et d'une surface attirante ; ces potentiels vérifient encore l'équation de Laplace.

Nous allons procéder de même :

Soient (x, y, z) les coordonnées du point mobile, (x', y', z')

celles du point attirant, r leur distance :

$$r^2 = (x - x')^2 + (y - y')^2 + (z - z')^2$$

Soit $d\tau'$ l'élément de volume attirant dont le centre de gravité est au point (x', y', z'). Considérons l'expression :

$$\xi = \int \frac{f\left(x', y', z', t - \frac{r}{V}\right)}{r} \, d\tau',$$

la somme étant étendue à tous les éléments du volume attirant.

L'élément $d\tau'$ est multiplié par une fonction de $\left(t - \frac{r}{V}\right)$, cette fonction variant d'ailleurs d'un élément à l'autre, puisqu'elle dépend de (x', y', z').

Posons pour abréger :

$$\varphi = \frac{f\left(x', y', z', t - \frac{V}{r}\right)}{r}$$

il vient :

$$\xi = \int \varphi \, d\tau'.$$

φ vérifiera la relation

$$\frac{d^2\varphi}{dt^2} = V^2 \Delta \varphi.$$

En effet φ dépend des coordonnées x', y', z' et (x, y, z) et aussi de t ; mais, si pour un moment nous laissons les coordonnées (x', y', z') constantes, φ sera seulement une fonction de $\left(t - \frac{r}{V}\right)$ divisée par r. Si le point (x, y, z) est extérieur au volume attirant, φ reste fini et nous aurons :

$$\frac{d^2\xi}{dt^2} = \int \frac{d^2\varphi}{dt^2} \, d\tau',$$

puisque nous pourrons différencier sous le signe $\int$. De même :

$$\Delta\xi = \int \Delta\varphi \, d\tau'$$

et par conséquent :

$$\frac{d^2\xi}{dt^2} = V^2 \Delta\xi.$$

Donc ξ satisfait à l'équation fondamentale en dehors du volume attirant, tout comme le potentiel newtonien satisfait à l'équation de Laplace.

93. A l'intérieur du volume attirant le potentiel ne vérifie plus l'équation de Laplace, mais celle de Poisson.

Pour savoir ce que devient $\dfrac{d^2\varphi}{dt^2}$ ..., etc., à l'intérieur du volume attirant, nous ne pouvons plus différencier sous le signe $\int$, parce que φ devient infini pour $r = 0$.

Posons :

$$\varphi_1 = \frac{f(x', y', z', t)}{r}.$$

La différence $\varphi - \varphi_1$ ne deviendra plus infinie pour $r = 0$, puisque le numérateur s'annule en même temps que le dénominateur.

$$\xi_1 = \int \varphi_1 \, d\tau' = \int \frac{f(x, y, z, t)}{r} \, d\tau'$$

représente le potentiel newtonien du volume, rempli d'une matière attirante dont la densité (variable avec le temps) serait $f(x', y', z', t)$.

Par suite, l'équation de Poisson nous donne :

$$(1) \qquad \frac{d^2\xi_1}{dt^2} = \int \frac{d^2\varphi_1}{dt^2}\, d\tau'$$

$$(2) \qquad \Delta\xi_1 = -\, 4\pi f(x', y', z', t).$$

Considérons l'expression :

$$\xi - \xi_1 = \int (\varphi - \varphi_1)\, d\tau'.$$

Comme $\varphi - \varphi_1$ reste fini, nous pouvons différencier sous le signe $\int$ et écrire :

$$(3) \qquad \frac{d^2\xi}{dt^2} - \frac{d^2\xi_1}{dt^2} = \int \left(\frac{d^2\varphi}{dt^2} - \frac{d^2\varphi_1}{dt^2} \right) d\tau'$$

$$\Delta\xi - \Delta\xi_1 = \int (\Delta\varphi - \Delta\varphi_1)\, d\tau'.$$

Or :

$$\Delta\varphi = \frac{1}{V^2} \frac{d^2\varphi}{dt^2} \quad \text{et} \quad \Delta\varphi_1 = 0.$$

D'où :

$$(4) \qquad \Delta\xi - \Delta\xi_1 = \frac{1}{V^2} \int \frac{d^2\varphi}{dt^2}\, d\tau'$$

Ajoutons membre à membre (1) et (3) d'une part, (2) et (4)

de l'autre :

$$\frac{d^2\xi}{dt^2} = \int \frac{d^2\varphi}{dt^2}\, d\tau'$$

$$\Delta\xi = \frac{1}{V^2}\int \frac{d^2\varphi}{dt^2}\, d\tau' - 4\pi f(x', y', z', t).$$

relation qui est la généralisation de l'équation de Poisson et qui peut s'écrire encore :

$$\frac{d^2\xi}{dt^2} = V^2\Delta\xi + 4\pi V^2 f(x', y', z', t).$$

94. La même généralisation peut se faire dans le cas d'une surface attirante.

Soit $d\omega'$ l'élément de surface ayant pour coordonnées (x', y', z').

$$\xi = \int \frac{f\left(x', y', z', t - \frac{r}{V}\right)}{r}\, d\omega' = \int \varphi\, d\omega'.$$

En dehors de la surface attirante, ξ satisfait à l'équation fondamentale et est continu ainsi que ses dérivées. Sur la surface même, le potentiel newtonien est continu quand on traverse la surface, mais non sa dérivée $\frac{dV}{dn}$.

En deux points infiniment voisins situés sur une même normale, mais, de part et d'autre de la surface, les valeurs de $\frac{dV}{dn}$ diffèrent de $4\pi\delta$, δ étant la densité superficielle.

Posons :

$$\xi_1 = \int \frac{f(x', y', z', t)}{r}\, d\omega' = \int \varphi_1\, d\omega',$$

ξ_1 sera le potentiel newtonien de la surface supposée recouverte d'une masse attirante ayant pour densité $f(x', y', z', t)$

$$\xi - \xi_1 = \int (\varphi - \varphi_1)\, d\omega'.$$

$\varphi - \varphi_1$ demeure fini pour $r = 0$: par conséquent $\xi - \xi_1$ est continu ainsi que ses dérivées, puisque $\xi - \xi_1$ et ξ_1 sont continus ; il en est de même de leur somme ξ.

D'autre part

$$\frac{d\xi}{dn} = \frac{d(\xi - \xi_1)}{dn} + \frac{d\xi_1}{dn}.$$

Or $\dfrac{d(\xi - \xi_1)}{dn}$ est continu ; mais $\dfrac{d\xi_1}{dn}$ est discontinu et, quand on franchit la surface, subit un saut brusque de $4\pi f(x', y', z', t)$; il en sera donc de même de $\dfrac{d\xi}{dn}$.

Cette remarque a une grande importance au sujet de l'application du principe de Huygens, et donne tort à Poisson dans sa controverse avec Fresnel. Poisson voulait en effet que les équations appliquées au cas d'un point extérieur fussent aussi valables pour un point intérieur, exigence qui ne peut se justifier. Poisson aurait dû d'autant moins tomber dans cette erreur que lui-même avait montré que le potentiel d'une sphère n'est pas représenté par la même fonction en dehors et en dedans de la sphère.

On sait que les fonctions qui vérifient l'équation de Laplace $\Delta \xi = 0$ jouissent des propriétés suivantes (principe de Dirichlet) :

Étant donnée une surface fermée, si une fonction s'annule sur toute la surface et satisfait en tout point extérieur à l'équation de Laplace, cette fonction est identiquement nulle.

Si la fonction doit prendre sur la surface des valeurs données ξ_0, il y aura une fonction et une seule satisfaisant à cette condition.

Cette propriété ne peut être étendue aux solutions de l'équation :

$$\frac{d^2\xi}{dt^2} + \alpha^2 \Delta\xi = 0.$$

En effet, prenons par exemple la fonction $\dfrac{\sin \alpha r}{r}$. Cette fonction vérifie l'équation, elle s'annule sur la sphère $r = \dfrac{\pi}{\alpha}$ et cependant n'est pas nulle identiquement.

Pour que le principe de Dirichlet pût se généraliser, il faudrait que α^2 fût négatif.

95. Envisageons maintenant l'équation

$$V^2 \frac{d^2\xi}{dt^2} = \Delta\xi.$$

Considérons un volume limité par une surface fermée, sur laquelle on ait constamment $\xi = 0$; supposons que pour $t = 0$, $\xi = 0$ et $\dfrac{d\xi}{dt} = 0$, la fonction ξ étant une solution de l'équation : ξ sera identiquement nul.

En effet, prenons l'expression :

$$W = \frac{1}{2}\int\left[\left(\frac{d\xi}{dt}\right)^2 + V^2\left\{\left(\frac{d\xi}{dx}\right)^2 + \left(\frac{d\xi}{dy}\right)^2 + \left(\frac{d\xi}{dz}\right)^2\right\}\right] d\tau,$$

la somme étant étendue à tous les éléments du volume.

$$\frac{dW}{dt} = \int\left(\frac{d\xi}{dt}\frac{d^2\xi}{dt^2} + V^2\sum \frac{d^2\xi}{dx\,dt}\frac{d\xi}{dx}\right) d\tau.$$

D'après le théorème de Green,

$$\int \Sigma \frac{d\xi}{dx} \frac{d^2\xi}{dx\,dt}\, d\tau = \int \frac{d\xi}{dt} \frac{d\xi}{dn}\, d\omega - \int \frac{d\xi}{dt} \Delta\xi\, d\tau.$$

Mais sur la surface $\xi = 0$ et $\dfrac{d\xi}{dt} = 0$: donc la première intégrale est nulle et il reste seulement

$$\frac{dW}{dt} = \int \frac{d\xi}{dt} \left(\frac{d^2\xi}{dt^2} - V^2\Delta\xi \right) d\tau,$$

la parenthèse est nulle identiquement ; donc $W = C^{te}$.

Pour $t = 0$, W est nul par hypothèse.

Par conséquent W est identiquement nul. Comme le coefficient de $d\tau$ dans dW est une somme de carrés, il faut que chacun de ces carrés soit nul : c'est-à-dire que

$$\frac{d\xi}{dt} = 0 \qquad \frac{d\xi}{dx} = \frac{d\xi}{dy} = \frac{d\xi}{dz} = 0,$$

autrement dit que ξ soit identiquement nul.

Supposons maintenant qu'on donne les valeurs que prennent ξ et $\dfrac{d\xi}{dt}$ en chaque point du volume pour $t = 0$; soient par exemple $\xi = \alpha$, $\dfrac{d\xi}{dt} = \beta$, α et β étant des fonctions des coordonnées (x, y, z), et la valeur de ξ sur la surface limite : $\xi = \gamma$ γ sera une fonction de (x, y, z, t) ; supposons de plus qu'à l'intérieur du volume ξ vérifie l'équation :

$$\frac{d^2\xi}{dt^2} - V^2\Delta\xi = 4\pi V^2 f(x, y, z, t),$$

f étant une fonction donnée.

Le problème est déterminé et il existe une seule fonction ξ remplissant ces diverses conditions.

Admettons en effet qu'il y en ait deux, ξ et ξ_1, de sorte que pour $t = 0$

$$\xi = \xi_1 = \alpha$$
$$\frac{d\xi}{dt} = \frac{d\xi_1}{dt} = \beta$$

sur la surface :

$$\xi = \xi_1 = \gamma,$$

et que :

$$\frac{d^2\xi_1}{dt^2} - V^2\Delta\xi_1 = 4\pi V^2 f(x, y, z, t).$$

Il est facile de voir alors que la fonction $\xi - \xi_1$ jouit des propriétés suivantes :

Pour $t = 0$, $\xi - \xi_1$ est nul ainsi que sa dérivée $\dfrac{d(\xi - \xi_1)}{dt}$.

Sur toute la surface

$$\xi - \xi_1 = 0$$

et enfin

$$\frac{d^2(\xi - \xi_1)}{dt^2} = V^2\Delta(\xi - \xi_1)$$

Cette fonction est donc identiquement nulle et $\xi = \xi_1$.

Il est probable, sans qu'on ait pu encore le démontrer, qu'il existe toujours une solution.

Si nous considérions le volume extérieur à la surface fermée, en ajoutant la condition que ξ soit nul à l'infini, le théorème serait vrai encore pour ce volume entier.

Il peut donc être étendu à tout l'espace et énoncé comme il suit :

THÉORÈME. — Si une fonction ξ vérifie l'équation :

$$\frac{d^2\xi}{dt^2} = V^2\Delta\xi + 4\pi V^2 f(x,y,z,t)$$

que pour $t = 0$, on ait en tout point de l'espace

$$\xi = 0 \qquad \frac{d\xi}{dt} = 0$$

et que ξ s'annule à l'infini, cette fonction ξ est entièrement déterminée.

96. En écrivant l'équation

$$\frac{d^2\xi}{dt^2} = V^2\Delta\xi$$

pour représenter le mouvement de l'éther, nous avons supposé que ce fluide n'était pas soumis à d'autres forces que les forces d'élasticité, produites par les actions mutuelles des molécules.

Cette condition n'est plus remplie au point où il existe une source lumineuse ; d'autres forces s'ajoutent alors aux forces d'élasticité et il faut ajouter au second membre de l'équation un terme complémentaire, qui est une fonction arbitraire de (x,y,z,t) :

$$\frac{d^2\xi}{dt^2} = V^2\Delta\xi + 4\pi V^2 f(x,y,z,t)$$

ce terme représente l'effet des forces qui produisent le mouvement lumineux des sources.

Cela étant, nous nous proposons de résoudre le problème suivant :

Supposons qu'avant l'instant choisi pour origine du temps

et à cet instant même, c'est-à-dire pour $t \leqq 0$, tout soit au repos, autrement dit que pour :

$$t \leqq 0, \qquad \xi = \frac{d\xi}{dt} = 0$$

et que les forces complémentaires ne recommencent à faire sentir leur action qu'à partir de l'origine du temps, alors $f = 0$ pour $t < 0$, que, pour $t > 0$, ξ satifasse à l'équation, f étant une fonction que nous regarderons comme donnée : f étant nul partout, sauf aux sources où cette fonction a une valeur déterminée — enfin que ξ s'annule à l'infini. Nous avons vu que ce problème ne comporte qu'une solution ; il s'agit de trouver cette solution.

Soient (x, y, z) les coordonnées courantes d'un point, (x', y', z') les coordonnées du centre de gravité d'un élément $d\tau'$ du volume occupé par les sources lumineuses, r la distance de ces deux points.

La fonction

$$\xi = \int \frac{f\left(x',y',z',t - \frac{r}{V}\right) d\tau'}{r},$$

la sommation étant étendue à tous les éléments $d\tau'$ du volume occupé par les sources, remplit les conditions demandées ; ξ est d'ailleurs fonction de (x,y,z), puisque r en dépend.

Nous savons que ξ vérifie l'équation ; il reste à montrer que les conditions initiales sont remplies.

Or nous avons supposé que f étant nul pour $t \leqq 0$, mais si t est $\leqq 0$ il en est de même *a fortiori* de $\left(t - \frac{r}{V}\right)$, r et V étant essentiellement positifs. ξ sera donc nul puisque la fonction sous le signe $\int$ est nulle, de même $\dfrac{d\xi}{dt}$.

Au contraire la fonction

$$\xi = \int \frac{f\left(x',y',z',t+\dfrac{r}{V}\right)}{r}\, d\tau'$$

bien qu'elle vérifie l'équation ne peut convenir puisqu'elle ne s'annule pas pour $t \leqq o$.

97. Supposons maintenant que ξ [1] soit de la forme :

$$\xi = \xi_0\, e^{\sqrt{-1}\, pt}$$

ξ_0 étant une fonction de (x,y,z). En posant $\alpha = \dfrac{p}{V}$, l'équation fondamentale (première forme) devient :

$$(1) \qquad\qquad \Delta\xi + \alpha^2\xi = o.$$

Considérons la fonction :

$$\xi = \int \frac{f(x',y',z')\, e^{\sqrt{-1}\,\alpha r}}{r}\, d\tau'.$$

Cette expression représente le potentiel d'une masse attirante ayant une densité $f(x',y',z')$ et la loi d'attraction étant telle que le potentiel de la masse unité soit $\dfrac{e^{-\sqrt{-1}\,\alpha r}}{r}$.

ξ satisfait à l'équation (1) et, comme cette équation ne dépend que de α^2, il en sera de même de :

$$\xi = \int \frac{f_1(x',y',z')\, e^{+\sqrt{-1}\,\alpha r}}{r}\, d\tau'.$$

---

[1] Inutile de rappeler que, pour l'interprétation physique des expressions imaginaires qui entrent dans ces équations, on n'en doit conserver, conformément aux conventions faites plus haut, que la partie réelle.

La somme

$$\xi = \int \frac{f(x', y', z')\, e^{-\sqrt{-1}\,\alpha r}}{r}\, d\tau' + \int \frac{f_1(x', y', z')\, e^{+\sqrt{-1}\,\alpha r}}{r}\, d\tau'$$

vérifie aussi l'équation : elle renferme deux fonctions arbitraires ; il semble donc qu'elle doive convenir à la question. Mais il n'en est rien, comme nous allons le montrer.

Soit, en effet, une source de lumière homogène ; prenons pour origine du temps l'instant où commence le mouvement. Ce mouvement étant périodique, pour $t > 0$, f sera de la forme :

$$f(x', y', z', t) = \varphi(x', y', z')\, e^{\sqrt{-1}\,pt}$$

pour $t < 0$, on a $f = 0$.

Supposons que t soit assez grand et r assez petit pour que $t - \dfrac{r}{V} > 0$, ou en d'autres termes, que le régime soit établi, alors :

$$\xi = \int \frac{\varphi(x', y', z')\, e^{\sqrt{-1}\,p\left(t - \frac{r}{V}\right)}}{r}\, d\tau' = \int \frac{\varphi\, e^{\sqrt{-1}\,pt}\, e^{-\sqrt{-1}\,\alpha r}}{r}\, d\tau'$$

α doit avoir le signe — ; c'est donc seulement la première intégrale qui convient à la question. C'est pour cette raison que la solution $\dfrac{\sin \alpha r \cos pt}{r}$ ne convient pas à la question, ainsi qu'on l'a expliqué plus haut.

Nous étudierons donc en particulier le cas où la loi d'attraction est telle que le potentiel de la masse 1 placée au point (x', y', z') soit à une distance r égale à $\dfrac{e^{-\sqrt{-1}\,\alpha r}}{r}$.

98. Principe de Huyghens. — En poursuivant l'étude des analogies que présentent les fonctions ξ avec le potentiel newtonien, nous pourrons en déduire, ainsi que l'a fait pour la première fois Kirchhoff, le principe de Huyghens comme une généralisation d'une conséquence du théorème de Green.

Rappelons d'abord l'énoncé de ce théorème.

Considérons un certain volume T limité par une surface fermée S : soient $d\tau$ un élément du volume T, $d\omega$ un élément de la surface S; r est la distance du point (x', y', z') au centre de gravité (x, y, z) de l'élément $d\omega$ de la surface qui limite le volume. Les intégrales doubles doivent être étendues à tous les éléments $d\omega$ de cette surface; les intégrales triples, à tous les éléments $d\tau$ de T.

Deux cas sont à distinguer :

1° Le point (x', y', z') est extérieur au volume T ;

2° Le point (x', y', z') est intérieur au volume.

Je conviens enfin de désigner par ξ' la valeur de ξ au point (x', y', z'). On a, d'après le théorème de Green :

$$\int \left(\xi \frac{d\varphi}{dn} - \varphi \frac{d\xi}{dn} \right) d\omega = \int (\xi \Delta \varphi - \varphi \Delta \xi) \, d\tau$$

si les fonctions ξ et φ sont finies et continues ainsi que leurs dérivées à l'intérieur du volume T.

Supposons maintenant que, ξ jouissant encore de toutes ces propriétés, φ devienne infini en un point (x', y', z') de l'intérieur du volume, mais de manière que $\lim \varphi r = 1$ pour $r = 0$. L'énoncé du théorème doit alors être modifié et il faut écrire :

$$\int \left(\xi \frac{d\varphi}{dn} - \varphi \frac{d\xi}{dn} \right) d\omega = \int (\xi \Delta \varphi - \varphi \Delta \xi) \, d\tau - 4\pi \xi',$$

ξ' étant la valeur de ξ pour $r = 0$.

Pour appliquer ce théorème au cas qui nous occupe, supposons que ξ vérifie l'équation :

$$(1) \qquad \Delta\xi + \alpha^2\xi = 0$$

et que :

$$\varphi = \frac{e^{-\sqrt{-1}\,\alpha r}}{r} \; ;$$

r étant la distance des deux points (x', y', z') et (x, y, z), on aura bien :

$$\lim \varphi r = 1 \text{ pour } r = 0.$$

Nous aurons encore :

$$(2) \qquad \Delta\varphi + \alpha^2\varphi = 0.$$

Multiplions (1) par φ, la seconde par $-\xi$ et ajoutons :

$$\varphi\Delta\xi - \xi\Delta\varphi = 0.$$

Dans la formule de Green, l'intégrale du second membre disparaîtra donc, et il restera :

$$\int\left(\frac{d\varphi}{dn} - \varphi\,\frac{d\xi}{dn}\right) d\omega = \left|\begin{array}{l} 0, \\[2ex] -4\pi\xi' \end{array}\right.$$

0, si le point (x', y', z') est extérieur ; $-4\pi\xi'$, si le point est intérieur au volume T.

Nous pouvons d'ailleurs écrire, en permutant les accents :

$$\int\left(\xi'\,\frac{d\varphi'}{dn} - \varphi'\,\frac{d\xi'}{dn}\right) d\omega' = \left|\begin{array}{l} 0 \\[2ex] -4\pi\xi \end{array}\right.$$

ξ' sera la valeur de ξ au point (x', y', z') centre de gravité de $d\omega'$, c'est-à-dire en un point de la surface limite S ; φ' dépendant de r est fonction à la fois de x, y, z et x', y', z'.

99. Le théorème s'applique-t-il encore quand le volume considéré T est la portion de l'espace extérieure à une certaine surface S ?

Soit S' une sphère dont le rayon R soit très grand et puisse être regardé comme un infiniment grand du premier ordre.

On pourra alors appliquer le théorème au volume T compris entre la surface S et la sphère S', puisque ce volume ne s'étend pas à l'infini. On aura donc :

$$\int_S \left(\xi'\frac{d\varphi'}{dn} - \varphi'\frac{d\xi'}{dn} \right) d\omega' + \int_{S'} \left(\xi'\frac{d\varphi'}{d} - \varphi'\frac{d\xi'}{dn} \right) d\omega' = 0 \text{ ou} - 4\pi\xi$$

la première intégrale est étendue à la surface S et la seconde à la sphère S'. Pour que le théorème s'applique à la région de l'espace extérieure à S, il suffit que

$$\lim \int_{S'} \left(\xi'\frac{d\varphi'}{dn} - \varphi'\frac{d\xi'}{dn} \right) d\omega' = 0,$$

quand R croît indéfiniment.

Il est clair d'abord que φ' et $\dfrac{d\varphi'}{dn}$ sont des infiniment petits du premier ordre, et que l'on a en négligeant les infiniment petits du deuxième ordre :

$$\varphi' = \frac{e^{-\sqrt{-1}\alpha r}}{R}, \quad \frac{d\varphi'}{dn} = -\sqrt{-1}\alpha \, \frac{e^{-\sqrt{-1}\alpha r}}{R}.$$

D'autre part nous avons vu à la fin du n° 97 que, si ξ représente la projection sur l'axe des x du déplacement d'une molécule d'éther, on aura :

$$(3) \qquad \xi = \int \frac{\psi(x', y', z')\, e^{\sqrt{-1}\, pt} e^{-\sqrt{-1}\, \alpha r'} d\tau'}{r'},$$

$d\tau'$ représente un élément de volume occupé par les sources lumineuses x', y', z' sont les coordonnées de cet élément; ψ est une fonction de x', y', z' et r' la distance de x, y, z à x', y', z'. Si le point x, y, z est sur la sphère S', et que le rayon de cette sphère soit très grand, $\frac{1}{R}$ différera très peu de $\frac{1}{r'}$ et il viendra, aux infiniment petits près du deuxième ordre :

$$\xi' = \frac{1}{R}\int \psi e^{\sqrt{-1}\, pt - \sqrt{-1}\, \alpha r} d\tau' ; \quad \frac{d\xi'}{dn} = \frac{-i\alpha}{R}\int \psi e^{\sqrt{-1}\, pt - \sqrt{-1}\, \alpha r} d\tau.$$

Car $\dfrac{dr'}{dn}$ est égal à 1 à des infiniment petits près. La quantité sous le signe $\int$ est donc du troisième ordre, et comme la surface de la sphère est très grande, du deuxième ordre, l'intégrale tend vers o. *Le théorème est donc vrai; mais, pour qu'il en soit ainsi, il ne suffit pas que ξ s'annule à l'infini, il faut encore qu'il soit de la forme (3).*

Il en résulte que, si on donne les valeurs de ξ et de $\dfrac{d\xi}{dn}$ en tous les points de la surface limite S, la formule donne la valeur de ξ en un point quelconque du volume T. Mais, en général, il ne sera possible de se donner arbitrairement que l'un des systèmes de valeurs, soit ξ, soit $\dfrac{d\xi}{dn}$, parce que ces fonctions sont liées par une relation, exprimant que l'intégrale est nulle en un point extérieur.

D'ailleurs il est en général impossible de calculer $\dfrac{d\xi'}{dn}$ quand on donne ξ'.

100. Mais dans le cas particulier du mouvement de l'éther il nous sera possible, en profitant de la petitesse de la longueur d'onde, c'est-à-dire de la grandeur de α, de calculer avec une approximation suffisante $\dfrac{d\xi'}{dn}$, étant donné ξ'.

Dans le système de coordonnées curvilignes (u, v, w), que nous avons déjà employé n° 88, nous pouvons représenter ξ par

$$\xi' = A e^{\sqrt{-1}\,p\left(t-\frac{w}{V}\right)}$$

A est une fonction de (u, v, w) dont toutes les dérivées sont finies; le second facteur au contraire varie rapidement, p étant très grand

$$\xi' = A e^{\sqrt{-1}\,pt} e^{-\sqrt{-1}\,\alpha w}$$

$$\frac{d\xi'}{dn} = \frac{dA}{dn}\, e^{\sqrt{-1}\,pt} e^{-\sqrt{-1}\,\alpha w} + A e^{\sqrt{-1}\,pt}\left(-\sqrt{-1}\,\alpha e^{-\sqrt{-1}\,\alpha w}\right)\frac{dw}{dn}.$$

Le facteur α étant très grand, le premier terme peut être négligé à côté du second et il reste :

$$\frac{d\xi'}{dn} = \xi'\,\frac{dw}{dn}\left(-\sqrt{-1}\,\alpha\right).$$

Soit S la surface considérée (*fig.* 13); traçons la surface w et la surface infiniment voisine $w + dw$. — Menons au point M de l'intersection de S avec w la normale à S: soit M_2 le point où elle rencontre la surface $w + dw$

$$MM_2 = dn ;$$

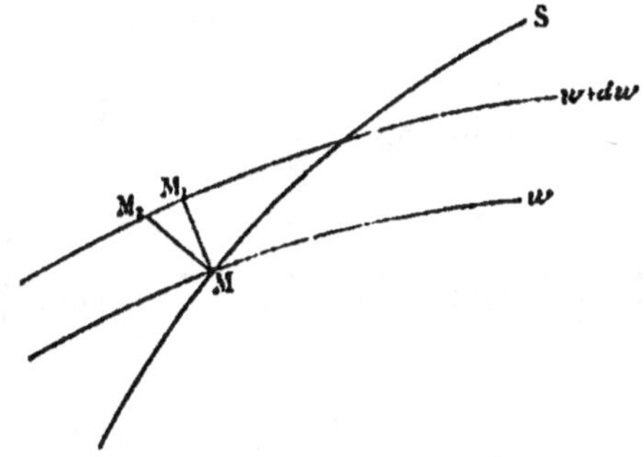

Fig. 13.

menons de même la normale MM_1 à la surface w :

$$MM_1 = dw$$

$$\frac{dw}{dn} = \frac{MM_1}{MM_2} = \cos (M_2MM_1) = \cos 0.$$

Par conséquent :

$$\frac{d\xi'}{dn} = \xi' \cos 0.$$

D'autre part :

$$\varphi' = \frac{e^{-\sqrt{-1}\,ar}}{r},$$

$$\frac{d\varphi'}{dn} = \frac{d\varphi'}{dr}\frac{dr}{dn} = \frac{d\varphi'}{dr} \cos \psi,$$

ψ étant l'angle sous lequel la surface S est coupée par la
sphère de rayon r décrite du point (x, y, z) comme centre.

$$\frac{d\varphi'}{dn} = -\sqrt{-1}\,\alpha \frac{e^{-\sqrt{-1}\,ar}}{r} - \frac{e^{-\sqrt{-1}\,ar}}{r_2}.$$

A cause de la grandeur de α, le second terme est négligeable et il reste

$$\frac{d\varphi'}{dn} = -\sqrt{-1}\,\alpha\,\frac{e^{-\sqrt{-1}\,\alpha r}}{r}\,\cos\psi.$$

Remplaçons dans notre formule :

$$\int\left[\xi'\left(-\sqrt{-1}\,\alpha\frac{e^{-\sqrt{-1}\,\alpha r}}{r}\,\cos\psi\right) - \frac{e^{-\sqrt{-1}\,\alpha r}}{r}\left(-\sqrt{-1}\,\alpha\xi'\cos\theta\right)\right]d\omega' = \begin{cases} -4\pi\xi \\ \\ 0 \end{cases}$$

ou :

$$\int \xi'e^{-\sqrt{-1}\,\alpha r}\frac{d\omega'}{r}\left(-\sqrt{-1}\,\alpha\cos\psi + \sqrt{-1}\,\alpha\cos\theta\right) = \begin{cases} -4\pi\xi \\ \\ 0 \end{cases}$$

Dans les applications on choisit toujours pour la surface S la surface de l'onde, la lumière se propageant vers l'extérieur ; la normale correspondant aux w croissants est dirigée vers l'extérieur : en général on considère un point de l'espace extérieur à S ; $\frac{d\xi}{dn}$ se rapporte donc à la normale intérieure et il faut prendre $\theta = \pi$ ou $\cos\theta = -1$

$$\int \frac{-\sqrt{-1}\,\alpha\xi'e^{-\sqrt{-1}\,\alpha r}\,(1 + \cos\psi)}{r}\,d\omega' = \begin{cases} 0 \\ \\ -4\pi\xi \end{cases}$$

relation qui exprime le principe de Huyghens. Comparons en effet les conséquences de cette relation avec celles du principe de Huygens tel que l'applique Fresnel.

101. Fresnel suppose que ξ est connu sur la surface S par exemple, sous la forme :

$$\xi = \varphi\,(x',\,y',\,z')\,e^{\sqrt{-1}\,pt}\,;$$

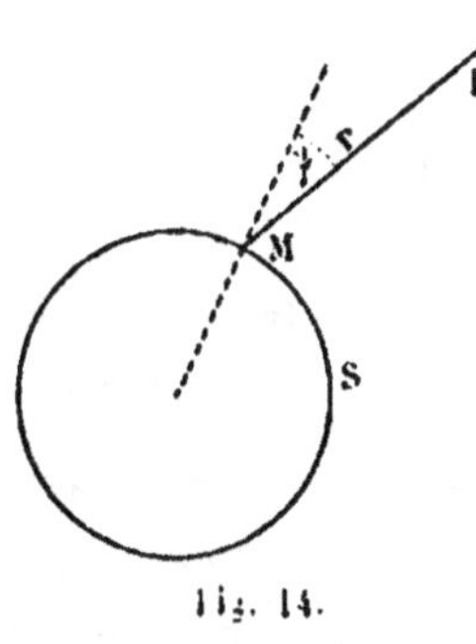

il considère ensuite les points de S comme des centres d'ébranlement et se propose de calculer quel sera l'ébranlement en un point P $(x,\,y,\,z)$ extérieur (*fig.* 14).

À cet effet, il admet que l'ébranlement provenant de l'élément $d\omega'$, de coordonnées (x',y',z'), situé sur S est représenté au point P par :

$$\varphi\,(x',\,y',\,z')\,e^{\sqrt{-1}\,p\left(t-\frac{r}{V}\right)}\,d\omega'\,\frac{f\,(\psi)}{r}\,;$$

il suppose ainsi que l'amplitude de l'ébranlement varie comme l'inverse de la distance r du point P au point M $(x',\,y',\,z')$, et de plus varie avec la direction MP suivant une certaine fonction $f\,(\psi)$ de l'angle ψ que fait la normale à $d\omega'$ avec MP.

Fresnel ne fait d'ailleurs aucune hypothèse sur la forme de cette fonction f ; il suppose seulement qu'elle passe par un maximum pour $\psi = o$, à cause de la petitesse de $\frac{p}{V} = \alpha$; le résultat sera d'ailleurs indépendant de la forme de f.

Enfin pour avoir l'ébranlement total, Fresnel fait ensuite la somme des ébranlements partiels ; cette somme peut s'écrire :

$$\xi = \int \frac{f\,(\psi)\,\xi'e^{-\sqrt{-1}\,\alpha r}d\omega'}{r}.$$

En effet :

$$\varphi(x',y',z')\, e^{\sqrt{-1}\,p\left(t-\frac{r}{v}\right)} = \xi' e^{-\sqrt{-1}\,xr}.$$

Pour identifier cette expression de ξ avec celle que nous avons trouvée, il suffit d'y faire :

$$f(\psi) = \frac{\sqrt{-1}\,x}{4\pi}\,(1 + \cos\psi).$$

Seulement il faut bien remarquer que cette formule n'est valable que pour un point extérieur à la surface, c'est-à-dire faisant partie du volume T considéré ; en un point qui ne ferait pas partie de ce volume l'intégrale serait nulle.

Reste maintenant à calculer cette intégrale, ce qui exige la connaissance de ξ'.

Fresnel suppose que ξ' est nul sur l'écran et a même valeur aux autres points que si l'écran n'existait pas; qu'à l'intérieur de S l'intensité a aussi même valeur qu'en l'absence de l'écran, enfin que les conditions à remplir ne dépendent pas de la nature de ce dernier.

Posons pour abréger :

$$\xi'(1 + \cos\psi) = X'.$$

Il faut calculer :

$$\int \frac{X' e^{-\sqrt{-1}\,xr}}{r}\, d\omega'.$$

Du point P comme centre décrivons une sphère de rayon r qui coupe la surface S suivant une certaine courbe MN, puis une autre de rayon $r + dr$ qui coupera S suivant une courbe M'N' infiniment peu différente de MN ; entre ces deux courbes se trouve une bande infiniment mince. Considérons l'intégrale :

$$\int X' d\omega'$$

étendue à tous les éléments de cette bande ; cette intégrale sera infiniment petite, soit $r\sigma dr$; r peut être considéré comme une constante pour tous les éléments de cette bande. Il viendra alors :

$$\int X' d\omega' \frac{e^{-\sqrt{-1}\,\alpha r}}{r} = \int r\sigma dr \frac{e^{-\sqrt{-1}\,\alpha r}}{r} = \int \sigma' e^{\sqrt{-1}\,\alpha r} dr.$$

102. Dans ce qui suivra nous prendrons en général comme surface limite S une surface de l'onde, et la plupart du temps nous supposerons cette onde sphérique.

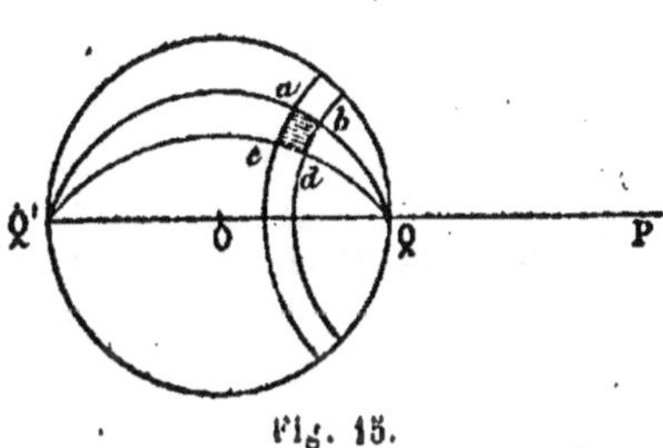

Fig. 15.

Soit donc O le centre de cette onde (*fig.* 15), P le point considéré (x, y, z) ses coordonnées, M le centre de gravité de $d\omega'$, (x', y', z') ses coordonnées ; r sera la distance MP et ψ l'angle que fait la normale OM à la sphère avec MP.

Joignons PO, cette droite rencontre la sphère aux points Q et Q'. Si nous décrivons du point P comme centre, comme tout à l'heure, deux sphères de rayon r et $r + dr$, les deux courbes MN, M'N' se réduiront à deux petits cercles de la sphère S, ayant pour pôle Q, et que nous appellerons pour abréger cercles r et $r + dr$. Ces deux petits cercles limiteront une bande infiniment mince et nous aurons

$$\sigma r dr = \int X' d\omega',$$

l'intégrale étant étendue à tous les éléments de la bande.

Faisons un changement de coordonnées et prenons pour déterminer la position d'un point de la sphère S sa distance r au point P, et l'angle φ que fait le plan MOP avec un plan fixe passant aussi par OP.

Menons par OP deux plans infiniment voisins φ et $\varphi + d\varphi$, ces deux plans coupant la sphère suivant deux méridiens passant par Q et Q'. Ces deux méridiens et les deux parallèles r et $r + dr$ découpent sur la sphère un petit quadrilatère $abcd$ qui sera l'élément $d\omega'$. Un calcul très simple montre que

$$d\omega' = \frac{R}{a} r dr d\varphi,$$

R étant le rayon de la sphère et a la distance OP. Par conséquent

$$\sigma = \frac{R}{a} \int X d\varphi.$$

Il faut maintenant fixer les limites de cette intégrale.

Si la sphère est entièrement éclairée, il faut intégrer entre $\varphi = 0$ et $\varphi = 2\pi$.

S'il y a un écran, deux cas peuvent se présenter : ou bien le cercle r est entièrement éclairé, et alors il faut intégrer encore entre O et 2π ; ou bien le cercle r est en partie sur l'écran et il faut intégrer entre les valeurs de φ, φ_1 et φ_2 qui correspondent aux bords de l'écran.

Supposons que nous ayons calculé σ : nous avons

$$\xi = \frac{\sqrt{-1}\,\alpha}{4\pi} \int \sigma e^{-\sqrt{-1}\,\alpha r}\, dr.$$

Intégrons par parties en remarquant que

$$e^{-\sqrt{-1}\,\alpha r}\, dr = -\, d\,\frac{e^{-\sqrt{-1}\,\alpha r}}{\sqrt{-1}\,\alpha}$$

$$\xi = -\frac{\sigma}{4\pi}\, e^{-\sqrt{-1}\,\alpha r} + \frac{1}{4\pi} \int \sigma' e^{-\sqrt{-1}\,\alpha r}\, dr.$$

ou

$$\sigma' = \frac{d\sigma}{dr}.$$

Pour calculer la valeur du terme intégré, il faut savoir
quelle est la plus petite valeur que puisse prendre r. Deux cas
peuvent se présenter :

1° Le point Q est sur la partie éclairée de la sphère : la
limite inférieure de r est alors PQ.

D'autre part, dans l'expression

$$\sigma = \frac{R}{a} \int X d\varphi,$$

on peut regarder X comme une constante sur le cercle r, et il
vient :

$$\sigma = \frac{R}{a} X \int_0^{2\pi} d\varphi = 2\pi\,\frac{R}{a}\, X$$

$$= 2\pi\,\frac{R}{a}\, \xi_0' \,(1 + \cos\psi).$$

Or au point O, $\psi = 0$ et $\cos\psi = 1$, ce qui donne en définitive

$$\sigma = 4\pi\,\frac{R}{a}\, \xi_0'.$$

A la limite inférieure, le terme tout connu se réduit donc à :

$$- \frac{R}{a} \xi_0' \, e^{-\sqrt{-1}\alpha r_0}.$$

$2°$ Le point Q est sur l'écran. r_0 est la plus courte distance de P au bord de l'écran ; pour $r = r_0 - \varepsilon$, le cercle $r_0 - \varepsilon$ est tout entier sur l'écran et $\sigma = o$; pour $r = r_0 + \varepsilon$, il y a au contraire un arc infiniment petit du cercle sur la portion éclairée ; σ est infiniment petit et tend vers O en même temps que ε ; le terme tout connu est donc nul à la limite inférieure.

Il faut faire la même discussion pour la limite supérieure r_1.

En effet, si la sphère est entièrement éclairée ou au moins si le point Q′ est sur la partie éclairée, $r_1 = PQ'$ et

$$\sigma = 2\pi \frac{R}{a} X = 2\pi \frac{R}{a} \xi_0' (1 + \cos \psi) ;$$

seulement au point φ' on a

$$\psi = \pi \qquad \cos \psi = -1,$$

et par suite σ est nul.

Si Q est sur l'écran, r_1 est la plus grande distance de P ou bord de l'écran ; pour $r = r_1 - \varepsilon$, il y a sur la partie éclairée un arc infiniment petit du cercle $r_1 - \varepsilon$; cet arc tend vers o en même temps que ε. Donc à la limite supérieure σ est encore nul. — Ces résultats s'étendent aux cas où la surface limite n'est pas une sphère ; quand le point n'est pas sur l'écran, on trouve en appelant C_1 et C_2 les centres de courbure principaux situés sur la normale PQ

$$\sigma = 4\pi \xi_0' \sqrt{\frac{\overline{QC_1.QC_2}}{PC_1.PC_2}}.$$

103. Revenons au cas de la sphère. — Il résulte de ce qui précède que le terme tout connu est nul à la limite supérieure, qu'à la limite inférieure il est nul si le point Q est sur l'écran, et si le point Q n'est pas sur l'écran, il est égal à

$$\frac{R}{a}\,\xi_0'\,e^{-\sqrt{-1}\,\alpha r_0}.$$

En général l'intégrale du deuxième membre est négligeable, et on a simplement

$$\xi = \frac{R}{a}\,\xi_0'\cdot e^{-\sqrt{-1}\,\alpha r_0}.$$

Dans ces conditions, ξ a donc la même valeur au point P qu'au point Q au facteur près $\dfrac{R}{a}\,e^{-\sqrt{-1}\,\alpha r}$ qui exprime la variation de l'amplitude avec la distance $\left(\dfrac{R}{a}\right)$ et la différence de phase $\left(e^{-\sqrt{-1}\,\alpha r}\right)$; on trouve par conséquent la même valeur de ξ que dans la théorie géométrique des ombres.

— Si le point P est à l'intérieur de la sphère, X est nul au point Q' et au point Q, car en chacun de ces points $\psi = \pi$ et $\cos\psi = -1$, donc $\sigma = 0$ et $\xi = 0$.

104. Puisqu'en négligeant l'intégrale

$$\int \sigma'\,e^{-\sqrt{-1}\,\alpha r}\,dr$$

nous retrouvons les propriétés géométriques des ombres, c'est cette intégrale qui doit représenter l'influence des phénomènes de diffraction.

L'intégration doit être effectuée entre les limites r_0 et r_1.

Nous partagerons cet intervalle en intervalles partiels : dans les uns, σ' restera fini ; dans les autres σ' deviendra très grand de l'ordre de α. Nous pourrons négliger les intervalles où σ' reste fini, comme nous allons le montrer.

Soit en effet $r_2 - r_3$ un de ces intervalles, nous pouvons toujours admettre que σ' varie constamment dans le même sens, c'est-à-dire que σ'' conserve toujours le même signe, sans quoi nous n'aurions qu'à subdiviser l'intervalle $r_2 - r_3$ en intervalles partiels où ce signe ne changerait pas.

Intégrons par parties :

$$\int \sigma' e^{-\sqrt{-1}\,\alpha r}\,dr = -\frac{\sigma' e^{-\sqrt{-1}\,\alpha r}}{\sqrt{-1}\,\alpha} + \frac{1}{\sqrt{-1}\,\alpha}\int \sigma'' e^{-\sqrt{-1}\,\alpha r}\,dr.$$

Le terme intégré est négligeable en effet $e^{-\sqrt{-1}\,\alpha r}$ est < 1 ; σ' est fini ; le rapport $\dfrac{\sigma'}{\alpha}$ est négligeable, puisque α est très grand ; d'autre part puisque σ'' a toujours le même signe :

$$\int \sigma'' e^{-\sqrt{-1}\,\alpha r}\,dr < \int \sigma''\,dr$$

ou

$$\int \sigma'' e^{-\sqrt{-1}\,\alpha r}\,dr < \sigma'_3 - \sigma'_2$$

cette quantité est finie, son quotient par α est donc négligeable. Il nous suffira par conséquent de tenir compte des intervalles où σ' devient très grand, du même ordre de grandeur que α.

Représentons le bord de l'écran : soient M_1, M_2 les points où le cercle r rencontre ce bord (*fig.* 16).

X_1, φ_1 les valeurs de X et de φ en M_1, X_2, φ_2 ces valeurs en M_2.

Nous aurons :

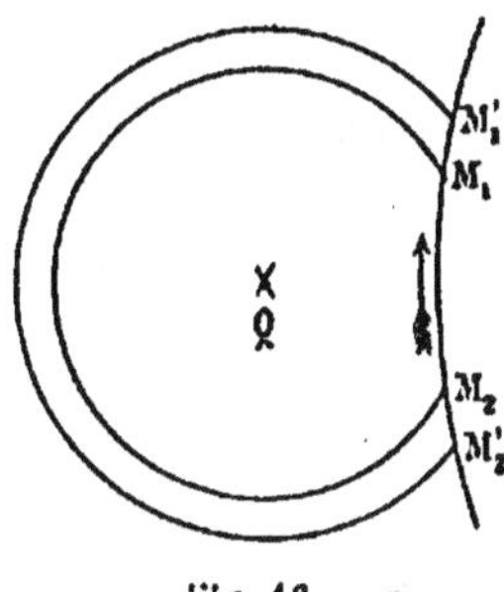

Fig. 16.

$$\frac{a}{R}\,\sigma = \int_{\varphi^1}^{\varphi^2} X\,d\varphi.$$

Donnons à r un accroissement dr, nous obtenons le cercle $r + dr$, qui rencontre le bord de l'écran en M_1' et M_2', la valeur de φ en M_1' sera $\varphi_1 + d\varphi_1$, et en M_2', $\varphi_2 + d\varphi_2$.

Appliquons la règle des variations sous le signe $\int$

$$\frac{a}{R}\,\sigma' = \int \frac{dX}{dr}\,d\varphi + X_1\,\frac{d\varphi_1}{dr} - X_2\,\frac{d\varphi_2}{dr}.$$

Nous ne savons pas comment varie X, mais nous admettrons que X varie très lentement le long de la surface, puisque la phase doit rester la même ; $\dfrac{dX}{dr}$ sera fini et aussi $\int \dfrac{dX}{dr}d\varphi$, ce terme sera négligeable, puisque nous ne considérons que les intervalles où σ' est très grand et que nous pouvons par conséquent négliger dans l'expression de σ' les termes qui sont seulement de grandeur finie.

Supposons qu'on parcoure le bord de l'écran dans le sens indiqué par la flèche ; soit s l'arc décrit dans ce sens :

$$\overline{M_2'M_2} = ds_2$$
$$\overline{M_1M_1'} = ds_1$$

Quand on marche dans le sens de la flèche, φ_2 diminue de $d\varphi_2$, φ_1 augmente de $d\varphi_1$.

Posons

$$\varphi_1' = \frac{d\varphi}{ds}$$

et soient φ_1' et φ_2' les valeurs de φ' respectivement aux points M_1' et M_2

$$d\varphi_1 = \varphi_1' ds_1$$
$$d\varphi_2 = \varphi_2' ds_2$$

et en substituant il viendra :

$$\frac{a}{R}\,\sigma' = X_1 \varphi_1' ds_1 + X_2 \varphi_2' ds_2,$$

et en multipliant par $e^{-\sqrt{-1}\,\alpha r}$ et intégrant :

$$\frac{a}{R}\int \sigma' e^{-\sqrt{-1}\,\alpha r}\, dr = \int X\varphi' e^{-\sqrt{-1}\,\alpha r}\, ds = \int X e^{-\sqrt{-1}\,\alpha r}\, d\varphi,$$

cette intégrale étant comptée le long du bord de l'écran et seulement dans les intervalles où σ' est du même ordre de grandeur que α.

Supposons donc que $M_1 M_2$ soit un arc tel que σ' et par conséquent $\frac{d\varphi}{dr}$, soit de l'ordre de α : il faut voir si l'intégrale

$$\int_{\varphi_1}^{\varphi_2} X e^{-\sqrt{-1}\,\alpha r}\, d\varphi$$

sera finie ou non.

Admettons que φ varie toujours dans le même sens, de φ_1 à φ_2, et aille par exemple en croissant : $d\varphi$ sera $> o$. X reste inférieur à une certaine quantité finie L. $e^{-\sqrt{-1}\,\alpha r}$ est < 1. Donc

$$\int_{\varphi_1}^{\varphi_2} X e^{-\sqrt{-1}\,\alpha r}\, d\varphi < \int_{\varphi_1}^{\varphi_2} L\, d\varphi = L\,(\varphi_2 - \varphi_1).$$

Par conséquent, deux conditions sont nécessaires pour que l'intégrale soit finie :

1° $\dfrac{d\psi}{dr}$ doit être de l'ordre de α; $\dfrac{dr}{d\varphi}$ de l'ordre de $\dfrac{1}{\alpha}$ ou de la longueur d'onde λ;

2° $\varphi_2 - \varphi_1$, c'est-à-dire l'angle sous lequel l'arc M_1M_2 est vu de Q doit être fini.

Deux cas peuvent se présenter :

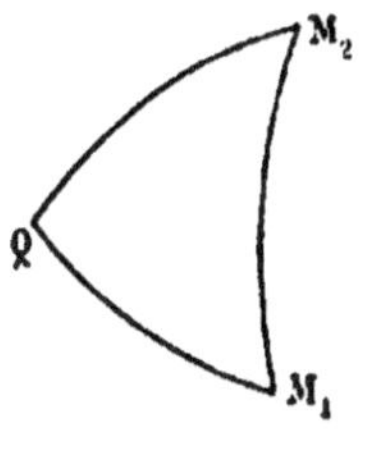

Fig. 17.

1° L'arc M_1M_2 est fini : comme r doit être sensiblement constant, il faut que M_1M_2 diffère peu d'un arc de cercle ;

2° L'arc M_1M_2 est infiniment petit ; pour qu'il soit vu de Q sous un angle fini (*fig.* 17), il est nécessaire alors que cet arc passe très près du point Q, et par suite que la droite OP passe très près du bord de l'écran.

105. Supposons que ces dernières conditions soient remplies.

Nous pourrons prendre seulement les portions de l'écran voisines de Q qui ont seules de l'influence, réduire la sphère à son plan tangent et le cercle M_1M_2 à une droite; enfin, puisqu'on ne s'éloigne pas de Q, considérer X comme une constante, par exemple $X = 1$.

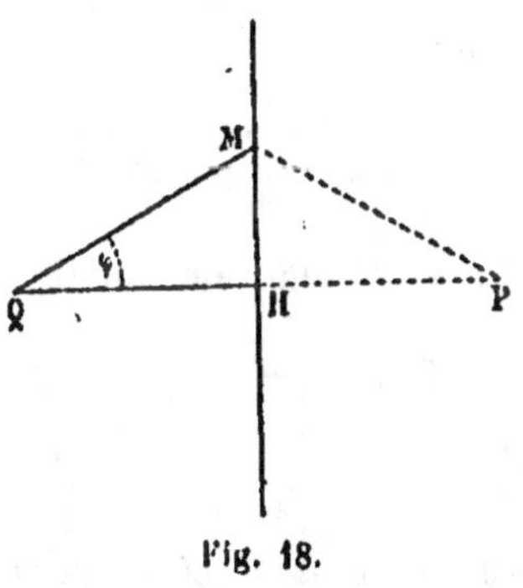

Fig. 18.

Menons QH perpendiculaire sur le bord de l'écran (*fig.* 18). Posons :

$$QH = \delta \qquad MH = \omega \qquad \widehat{MQH} = \varphi$$

$$\varphi = \text{arc tg} \frac{\omega}{\delta}.$$

Comme, dès qu'on s'écarte tant soit peu de Q, les portions situées au-delà n'ont pour ainsi dire plus d'influence, il reviendra au même de conserver les limites précédentes ou bien, ce qui sera plus commode, de prendre comme limites $x = -\infty$ et $x = +\infty$, ou $\varphi = -\frac{\pi}{2}$ et $\varphi = +\frac{\pi}{2}$. Nous aurons ainsi à calculer

$$\int_{-\infty}^{+\infty} e^{-\sqrt{-1}\,ar}\,d\varphi.$$

Soit $r_0 = $ PH

$$r = \sqrt{r_0^2 + x^2}.$$

Comme x est très petit, nous pouvons développer le second membre, en nous bornant aux deux premiers termes :

$$r = r_0 + \frac{x^2}{2r_0},$$

d'ailleurs :

$$d\varphi = \frac{\delta\,dx}{x^2 + \delta^2}.$$

En substituant dans notre intégrale, elle prend la forme

$$e^{-\sqrt{-1}\,ar_0}\int_{-\infty}^{+\infty} e^{-\frac{\sqrt{-1}\,x}{2r_0}x^2}\,\frac{\delta\,dx}{x^2 + \delta^2},$$

c'est l'intégrale de Fresnel. On a vu (1er volume, n° 03) comment on peut lui donner sa forme habituelle; mais ce n'est pas celle-là que je veux lui donner ici.

Par une transformation convenable, on retrouve la formule donnée par M. Gilbert.

Remarquons en effet que la fonction sous le signe $\int$ étant paire :

$$\int_{-\infty}^{+\infty} e^{-\frac{\sqrt{-1}\alpha}{2r_0}x^2}\frac{\delta\,dx}{x^2+\delta^2} = 2\int_{0}^{\infty} e^{-\frac{\sqrt{-1}\alpha}{2r_0}x^2}\frac{\delta\,dx}{x^2+\delta^2}$$

ce qui ramène à calculer

$$\int_{0}^{\infty} e^{-\frac{\sqrt{-1}\alpha}{2r_0}x^2}\frac{\delta\,dx}{x^2+\delta^2}.$$

x décrivant l'axe OA des quantités réelles.

Menons une droite OB inclinée à 45° sur OA et du point O avec un rayon très grand, décrivons l'arc de cercle AB (*fig.* 19). Comme à l'intérieur du secteur OAB, l'intégrale ne présente aucun point singulier, il est indifférent de prendre le chemin direct OA ou le chemin OBA. Mais le long de BA, l'intégrale est d'autant plus petite que le rayon OA est plus grand, il n'y a donc pas de différence entre les deux chemins OA et OB.

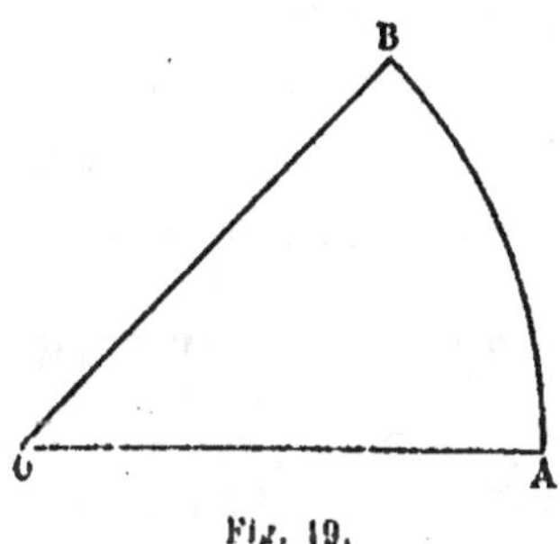

Fig. 19.

Posons :

$$\frac{\alpha x^2}{2r_0} = -\sqrt{-1}\,y^2$$

ou :

$$x = \sqrt{-\sqrt{-1}}\,y\,\sqrt{\frac{2r_0}{\alpha}}$$

y sera réel quand on ira de O en B, l'intégrale s'écrira :

$$\int_0^\infty \frac{e^{-y^2\delta}\sqrt{\dfrac{2r_0}{\alpha}}\,dy}{\delta^2 - \sqrt{-1}\,y^2\,\dfrac{2r_0}{\alpha}}.$$

Posons enfin :

$$\frac{2r_0}{\alpha\delta^2} = \beta^2,$$

nous trouvons :

$$\int_0^\infty \frac{e^{-\sqrt{-1}y^2}\sqrt{-\sqrt{-1}}\,\beta\,dy}{1 - \sqrt{-1}\,y^2\beta^2}$$

c'est la forme donnée par M. Gilbert aux notations près.

Pour que l'intégrale soit sensible, il faut que δ soit très petit. En effet, β étant en facteur, il est nécessaire que β soit fini, ce qui exige que $2r_0$ et $\alpha\delta^2$ soient du même ordre de grandeur. δ^2 doit donc être du même ordre que $\dfrac{r_0}{\alpha}$ ou que $r_0\lambda$; δ sera de l'ordre de $\sqrt{r_0\lambda}$.

Comme r_0 est de l'ordre de nos unités habituelles, on voit que la largeur des franges sera comparable à la racine carrée de la longueur d'onde.

Si r_0 devient du même ordre de grandeur que δ, δ^2 est de l'ordre de $\dfrac{\delta}{\alpha}$ et δ de l'ordre de $\dfrac{1}{\alpha}$ ou de λ; les franges deviennent donc de plus en plus fines quand on s'approche de l'écran.

106. Principe de Huyghens appliqué aux ondes réfléchies ou réfractées. — Dans l'étude que nous venons de faire du principe de Huyghens, nous avons supposé que la lumière partie de la source arrivait au point P sans avoir subi ni réflexion ni réfraction.

Le principe peut être étendu aux cas où les ondes se sont réfléchies ou réfractées. Mais dans les applications, il faut substituer à l'exponentielle $e^{-ix\tau}$, l'exponentielle $e^{-i\mu\tau}$, où τ représente le temps que met la lumière pour aller de la source au point P, en tenant compte des milieux réfringents.

La démonstration peut se faire comme précédemment, mais elle est plus compliquée, parce qu'il est impossible de séparer alors les trois composantes ξ, η, ζ. — Nous admettrons donc le résultat sans répéter la démonstration (la démonstration est analogue à celle que nous avons donnée dans la *Théorie de l'Elasticité*, n° 50).

107. Correction relative aux lignes focales. —

M. Gouy, dans un récent travail, a montré que dans le calcul de la quantité r, il était nécessaire d'introduire une correction relative aux lignes focales. Rappelons ce que sont les lignes focales.

Soient S la surface de l'onde, M un point de cette surface ; la normale à S au point M sera un rayon lumineux. Soient C_1 et C_2 les centres de courbure principaux situés sur cette normale (*fig.* 20); considérons les points infiniment voisins de M et le faisceau des normales menées par chacun d'eux. Ce

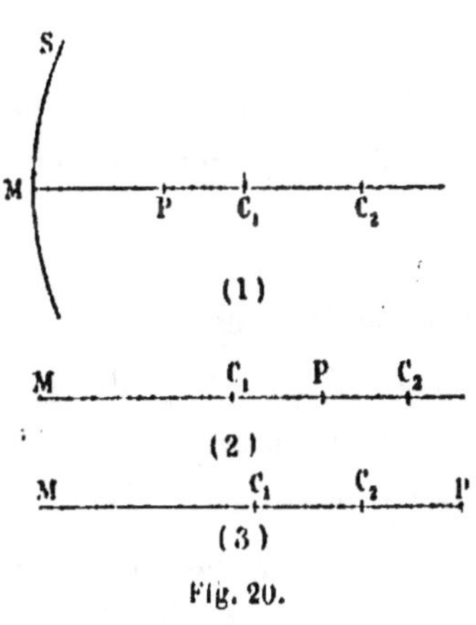

Fig. 20.

faisceau forme un pinceau de rayons lumineux extrêmement délié. Un plan perpendiculaire à C_1C_2 détermine dans ce faisceau une section qui, en général, sera infiniment petite. Si ce plan passe par C_1 ou par C_2, cette section se réduit à une ligne infiniment petite qui s'appelle ligne focale. Si les points C_1 et C_2 sont confondus, la section se réduit à un point qui est un foyer.

La correction à faire est la suivante :

A la différence de phase δ résultant de la différence de marche Δ, il faut retrancher $\dfrac{\pi}{2}$ si l'un des rayons interférents a passé par une ligne focale ; il faut retrancher π s'il a passé par un foyer.

M. Gouy a donné une démonstration expérimentale en répétant l'expérience des miroirs de Fresnel avec un miroir plan et un miroir concave, les franges observées au-delà du centre de courbure du miroir présentent une frange centrale noire.

Il a également donné de ce fait une démonstration analytique que je vais reproduire avec d'assez grandes modifications.

1. *Ondes sphériques.* — Considérons une certaine fonction $F(r)$ assujettie aux conditions suivantes $F(r)$ est nulle pour toute valeur de x sauf celles comprises entre deux limites déterminées r_0 et r_1 de plus $F(r_0) = F(r_1) = 0$.

Supposons qu'une fonction ξ de r et de t soit solution de l'équation fondamentale

$$\frac{d^2\xi}{dt^2} = V^2 \Delta\xi$$

que pour $t = 0$ elle se réduise à

$$\frac{\mathrm{F}\,(r)}{r},$$

et par suite soit nulle pour toute valeur de r non comprise entre r_0 et r_1 ; que pour $t = 0$ on ait

$$\frac{d\xi}{dt} = \mathrm{V}\,\frac{\mathrm{F}'\,(r)}{r}$$

enfin que ξ, fini et continu dans tout l'espace ainsi que ses dérivées, s'annule à l'infini — cette fonction ξ sera entièrement déterminée, ainsi que nous l'avons vu au n° 95. Si cette fonction existe, il n'y en a qu'une seule. Or la fonction

$$(1) \qquad\qquad \xi = \frac{\mathrm{F}\,(\mathrm{V}t + r) - \mathrm{F}\,(\mathrm{V}t - r)}{r}$$

satisfait à l'équation fondamentale — elle reste finie et continue ainsi que ses dérivées dans tout l'espace ; il ne pourrait y avoir doute que pour l'origine, c'est-à-dire pour $r = 0$.

Mais pour $r = 0$ les deux termes du numérateur se détruisent ; donc le numérateur et le dénominateur s'annulent simultanément et par conséquent ξ reste fini au voisinage de l'origine et peut même, si r est assez petit, être développé suivant les puissances croissantes de r et aussi de (x, y, z). En effet le numérateur change de signe quand on change r en $- r$: donc son développement par la formule de Mac-Laurin ne contient que des puissances impaires de r. Comme il faut diviser par r, le quotient ξ ne renfermera que des puissances paires — il sera donc développé suivant les puissances de r^2 et par conséquent suivant les puissances de $x^2 + y^2 + z^2$.

Pour $t = 0$,

$$\xi = \frac{F(r) - F(-r)}{r}.$$

Mais $F(r)$ étant nul pour toute valeur de r non comprise entre les valeurs positives r_0 et r_1 est *a fortiori* nul pour les valeurs négatives de r : donc $F(-r) = 0$ et

$$(\xi)_{t=0} = \frac{F(r)}{r}.$$

De même

$$\left(\frac{d\xi}{dt}\right)_{t=0} = V\,\frac{F'(r) - F'(-r)}{r},$$

et comme $F'(-r) = 0$

$$\left(\frac{d\xi}{dt}\right)_{t=0} = V\,\frac{F'(r)}{r}.$$

La fonction (1) satisfait donc à toutes les conditions de problème. Or, nous avons vu que ce problème ne peut comporter qu'une seule solution ; donc la fonction (1) est la solution unique du problème proposé.

108. Supposons d'abord que

$$Vt < r_0,$$

on aura *a fortiori*

$$Vt - r < r_0,$$

et par conséquent

$$F(Vt - r) = 0;$$

il reste

$$\xi = \frac{F\,(Vt + r)}{r}.$$

Cette valeur de ξ représente une onde sphérique convergente, c'est à-dire qui se propage vers le centre de la sphère.

Si au contraire

$$Vt > r_1 \quad \text{ou} \quad Vt + r > r_1$$

c'est alors

$$F\,(Vt + r) = 0,$$

et

$$\xi = -\frac{F\,(Vt - r)}{r}.$$

L'onde est divergente, c'est-à-dire se propage en s'éloignant du centre de la sphère. Pour

$$r_0 < Vt < r_1,$$

nous aurons une combinaison des deux.

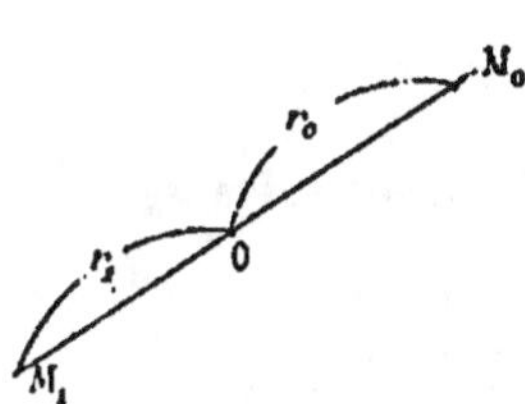

Fig. 21.

Nous voyons donc que ξ change de signe quand l'onde sphérique de convergence devient divergente. — Supposons pour fixer les idées qu'au temps $t = t_0$, $r = r_0$, c'est-à-dire que l'onde soit en M_0, et au temps $t = t_1$, $r = r_1$, l'onde soit en M_0, de l'autre côté du centre O (*fig.* 21).

Si

$$V\,(t_1 - t_0) = r_0 + r_1$$

l'onde aura parcouru, pendant le temps $(t_1 - t_0)$, le chemin $r_0 + r_1$.

Au point M_0, à l'instant t_0, l'onde est convergente

$$\xi = \frac{F (Vt_0 + r_0}{r_0}$$

Au point M_1, à l'instant t_1, l'onde est divergente

$$\xi = - \frac{F (Vt_1 - r_1)}{r_1} = - \frac{F (Vt_0 + r_0}{r_1}.$$

Par conséquent la valeur de ξ au point M_1 à l'instant t_1 est la même qu'au point M_0 à l'instant t_0, au facteur près $\frac{r_1}{r_0}$ et *au signe près;* il y a donc une différence de phase de π, correspondant à un retard de $\frac{\lambda}{2}$. Il nous faudra donc, quand une onde passe par un foyer, introduire cette correction. On pourrait objecter qu'une onde de cette nature, c'est-à-dire telle que ξ, η, ζ soient fonction de t et de r seulement, ne saurait être transversale, mais il est aisé d'étendre le résultat à une onde sphérique quelconque.

109. Si nous avions choisi pour ξ la forme suivante :

$$\xi = \frac{d}{dx} \frac{F (Vt + r) - F (Vt - r)}{r};$$

ξ vérifierait encore l'équation fondamentale, serait fini et continu ainsi que ses dérivées même pour $r = 0$. Pour

$$Vt < r_0$$

on a

$$\xi = \frac{d}{dx} \frac{\mathrm{F}\,(\mathrm{V}t + r)}{r},$$

l'onde est convergente.

Pour

$$\mathrm{V}t > r,$$

$$\xi = \frac{d}{dx} \frac{\mathrm{F}\,(\mathrm{V}t - r)}{r}$$

l'onde est divergente.

ξ change encore de signe quand l'onde change de nature en passant par un foyer.

Nous serions conduits aux mêmes conclusions en prenant pour ξ une dérivée d'ordre quelconque, prise un nombre quelconque de fois par rapport à chacune des variables (x, y, z), de $\dfrac{\mathrm{F}\,(\mathrm{V}t + r) - \mathrm{F}\,(\mathrm{V}t - r)}{r}$, ou même une combinaison linéaire de ces dérivées. Ces conclusions s'appliquent aussi à une onde sphérique quelconque qui, ainsi que nous l'avons vu au N° 90, peut toujours se mettre sous cette forme ; ξ, η et ζ égalées à des combinaisons linéaires des dérivées de fonctions de r et de t.

110. Passage des ondes par une ligne focale. — Nous allons d'abord considérer un cas particulier simple, celui des ondes cylindriques.

Soit ρ la distance du point (x, y, z) à l'axe des x

$$\rho^2 = y^2 + z^2.$$

Si on a

$$\xi = f\,(\rho, t)$$

l'onde sera cylindrique; les surfaces d'onde seront des cylindres ayant Ox pour axe.

Par un calcul facile on trouve

$$\frac{d^2\xi}{dt^2} = V^2 \left(\frac{d^2\xi}{d\rho^2} + \frac{1}{\rho} \frac{d\xi}{d\rho} \right)$$

ou

$$(1) \qquad \frac{\rho}{V^2} \frac{d^2\xi}{dt^2} - \rho \frac{d^2\xi}{d\rho^2} - \frac{d\xi}{d\rho} = 0.$$

Je dis que

$$\xi = \int_{-1}^{+1} \frac{F(z\rho + Vt)\,dz}{\sqrt{1 - z^2}}$$

est l'intégrale de cette équation.

L'intégrale générale devrait contenir deux fonctions arbitraires; mais celle que nous avons donnée est la plus générale parmi les intégrales de l'équation qui restent finies pour $\rho = 0$. Vérifions que ξ est bien une solution de l'équation (1) :

$$\frac{d^2\xi}{dt^2} = \int_{-1}^{+1} \frac{V^2 F''\,dz}{\sqrt{1 - z^2}}$$

$$\frac{d^2\xi}{d\rho^2} = \int_{-1}^{+1} \frac{r^2 F''\,dz}{\sqrt{1 - z^2}}$$

$$\frac{d\xi}{d\rho} = \int_{-1}^{+1} \frac{z F''\,dz}{\sqrt{1 - z^2}}.$$

Substituons dans l'équation (1); il faut que

$$\int_{-1}^{+1} \frac{dz}{\sqrt{1 - z^2}} [\rho F''(1 - z^2) - z F''] = 0.$$

Or

$$\int dz \left(\rho \mathrm{F}'' \sqrt{1 - z^2} - \frac{z\mathrm{F}'}{\sqrt{1 - z^2}} \right) = \sqrt{1 - z^2}\,\mathrm{F}'\,(zp + \mathrm{V}t)$$

cette expression s'annule aux deux limites -1 et $+1$.

— Comme nous supposons le mouvement périodique, nous allons donner à la fonction arbitraire F une forme particulière.

p ayant toujours la même signification et α étant égal à $\dfrac{p}{\mathrm{V}} = \dfrac{2\pi}{\lambda}$, nous poserons :

$$\mathrm{F}\,(zp + \mathrm{V}t) = \cos\,(\alpha zp + \alpha \mathrm{V}t) = \cos\,(\alpha zp + pt).$$

Alors ξ deviendra :

$$\xi = \int_{-1}^{+1} \frac{\cos\,(\alpha zp + pt)\,dz}{\sqrt{1 - z^2}}$$

$$= \int_{-1}^{+1} \frac{\cos \alpha zp\,dz}{\sqrt{1 - z^2}} \cos pt - \int_{-1}^{+1} \frac{\sin \alpha zp.dz}{\sqrt{1 - z^2}} \sin pt.$$

La seconde intégrale est nulle, car la seconde fonction sous le signe $\int$ est impaire, et les limites sont égales et de signe contraire.

Il reste donc

$$\xi = \int_{-1}^{+1} \frac{\cos \alpha zp}{\sqrt{1 - z^2}} dz \cos pt,$$

d'où

$$\frac{d^2\xi}{dt^2} = - p^2\xi.$$

Substituons dans l'équation (1)

$$\alpha^2 \xi + \frac{1}{\rho}\frac{d^2\xi}{d\rho^2} + \frac{d^2\xi}{d\rho^2} = 0.$$

Nous retombons sur l'équation qui définit la fonction de Bessel, donc :

$$\xi = J_0\,(\alpha\rho);$$

c'est la seule parmi les intégrales de cette équation linéaire qui se réduise à 1 pour $\rho = 0$. D'autre part :

$$(\xi)_{\rho=0} = \int_{-1}^{+1}\frac{dz}{\sqrt{1-z^2}}\cos pt = \pi\cos pt$$

Par conséquent :

$$\xi = J_0\,(\alpha\rho)\,\pi\cos pt.$$

Cherchons une valeur approchée de $J_0\,(\rho)$ quand ρ devient très grand :

$$\pi J_0\,(\rho) = \int_{-1}^{+1}\frac{\cos z\rho}{\sqrt{1-z^2}}\,dz = 2\int_0^1\frac{\cos\,(z\rho)}{\sqrt{1-z^2}}\,dz$$

puisque la fonction sous le signe $\int$ est paire. En posant :

$$\gamma = \int_0^1\frac{e^{\sqrt{-1}\,z\rho}}{\sqrt{1-z^2}}\,dz$$

nous pouvons écrire :

$$\frac{\pi}{2}\,J_0\,(\rho) = p\ \text{réelle de }\varphi.$$

Prenons une nouvelle variable u définie par la condition :

$$z\rho = \rho - u$$

$$dz = -\frac{du}{\rho}.$$

Pour

$$z = 0, \qquad u = \rho \qquad \text{et pour} \qquad z = 1, \qquad u = 0.$$

Substituons dans l'expression de φ.

$$\varphi = \int_\rho^0 \frac{-e^{\sqrt{-1}(\rho-u)}\dfrac{du}{\rho}}{\sqrt{1 - \dfrac{(\rho-u)^2}{\rho^2}}}$$

$$= \int_0^\rho \frac{e^{\sqrt{-1}(\rho-u)}\,du}{\sqrt{\rho^2 - (\rho-u)^2}} = \int_0^\rho \frac{e^{\sqrt{-1}(\rho-u)}\,du}{\sqrt{u\,(2\rho-u)}}$$

$$= \frac{e^{\sqrt{-1}\rho}}{\sqrt{2\rho}} \int_0^\rho \frac{e^{\sqrt{-1}u}\,du}{\sqrt{u\left(1 - \dfrac{u}{2\rho}\right)}}$$

Si nous supposons que ρ soit très grand, $\dfrac{u}{2\rho}$ sera négligeable vis-à-vis de l'unité et nous pourrons prendre ∞ comme limite supérieure.

$$\varphi = \frac{e^{\sqrt{-1}\rho}}{\sqrt{2\rho}} \int_0^\infty \frac{e^{-\sqrt{-1}u}\,du}{\sqrt{u}}$$

Cette dernière intégrale est connue : elle se ramène facilement d'ailleurs aux intégrales de Fresnel ; sa valeur est

$$\sqrt{\pi}\,e^{-\sqrt{-1}\frac{\pi}{4}}$$

$$\varphi = \sqrt{\frac{\pi}{2\rho}}\,e^{\sqrt{-1}\left(\rho-\frac{\pi}{4}\right)}$$

et :

$$\frac{\pi}{2} J_0(\rho) = \sqrt{\frac{\pi}{2\rho}} \cos\left(\rho - \frac{\pi}{4}\right) \quad \text{et } J_0(\rho) = \sqrt{\frac{2}{\pi\rho}} \cos\left(\rho - \frac{\pi}{4}\right)$$

Par conséquent :

$$\xi = \pi \cos pt \sqrt{\frac{2}{\pi\alpha\rho}} \cos\left(\alpha\rho - \frac{\pi}{4}\right)$$

111. Supposons d'abord que l'onde soit convergente et devienne divergente. Elle part d'un point M_0 situé à une distance ρ_0 de l'axe des x, traverse cet axe et aboutit au point M_1, situé à une distance ρ_1 — elle a donc parcouru un chemin $\rho_0 + \rho_1$ — Admettons pour simplifier que les points M_0 et M_1 correspondent à des maxima du cosinus : la phase y sera nulle ; il faut donc que :

$$\alpha\rho - \frac{\pi}{4} = 2K\pi,$$

ce qui donne :

$$\alpha\rho_0 - \frac{\pi}{4} = 2K_0\pi$$

$$\alpha\rho_1 - \frac{\pi}{4} = 2K_1\pi$$

ou en remplaçant α par $\frac{2\pi}{\lambda}$ et divisant par $\frac{2\pi}{\lambda}$:

$$\rho_0 - \frac{\lambda}{8} = K_0\lambda$$

$$\rho_1 - \frac{\lambda}{8} = K_1\lambda$$

$$\rho_0 + \rho_1 = (K_0 + K_1)\lambda + \frac{\lambda}{4}.$$

Le chemin parcouru est donc égal non pas à un nombre entier de longueurs d'onde, mais à un nombre entier de longueurs d'onde augmenté de $\frac{\lambda}{4}$.

Le passage par la ligne focale nécessite donc dans le calcul des phases une correction de $\frac{\lambda}{4}$.

112. L'application du principe de Huygens nous conduira à la même conclusion :

Soient S une surface quelconque ; P, un point extérieur ; PQ, une normale à S ; M, le centre de gravité d'un élément $d\omega'$ de S, ayant pour coordonnées (x', y', z') (*fig.* 22). En conservant les notations que nous avons adoptées, nous aurons pour la première composante ξ de la vibration au point P :

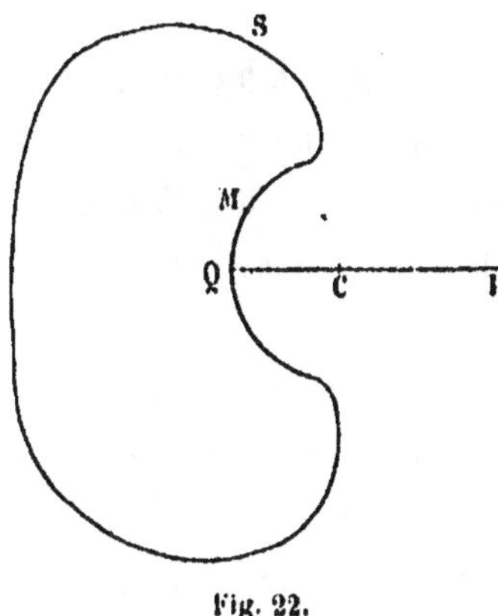

Fig. 22.

$$\xi = \frac{\sqrt{-1}\,\alpha}{4\pi} \int \frac{X e^{-\sqrt{-1}\,\alpha r}\,d\omega'}{r}$$

$$= \frac{\sqrt{-1}\,\alpha}{4\pi} \int \sigma e^{-\sqrt{-1}\,\alpha r}\,dz$$

$$= -\sigma e^{-\sqrt{-1}\,\alpha r} + \frac{1}{4\pi} \int \sigma' e^{-\sqrt{-1}\,\alpha r}\,dz$$

Si le point Q n'est pas très voisin du bord de l'écran, les portions de l'intégrale relatives aux éléments $d\omega'$ voisins du point Q exercent seules une influence sensible sur la valeur de l'intégrale. (Dans le cas où du point P on peut mener plusieurs normales à la surface S, il faudrait prendre les éléments $d\omega'$ voisins du pied de chacune de ces normales.) Par conséquent la valeur de l'intégrale ne changera pas si on étend la sommation à une portion quelconque de la surface S entourant le point Q, et elle sera encore la même si la sommation est étendue à la surface S tout entière. Nous avons vu d'ailleurs que l'intégrale $\int \sigma' e^{-\sqrt{-1}\,\alpha r}\,dr$ est en général négligeable.

Pour traiter d'abord un cas particulier simple, supposons que, au voisinage du point Q, la surface S soit une portion de sphère concave du côté de P et que nous étendions l'intégrale à cette calotte sphérique. Soit C le centre de la sphère.

Deux cas peuvent se présenter :

1° Le point P se trouve entre Q et C, alors de tous les points de la calotte sphérique, Q est le plus rapproché de P ; les limites d'intégration sont $r_0 = PQ$ et r_1 ;

2° Le point P est au-delà de C, alors Q est le point de la calotte le plus éloigné de P ; les limites d'intégration sont r_1 et $r_0 = PQ$, r_1 étant la plus courte distance de P à la courbe L qui limite la calotte.

Dans les deux cas, nous savons que (§ 102) :

$$\sigma = 2\pi \frac{R}{a} X_0$$

R étant le rayon de la sphère et a la distance PC. X_0 la valeur de X au point Q. Or, en ce point Q, l'angle que nous avons appelé ψ est nul et $\cos\psi = 1$, donc :

$$X_0 = \xi'_0 (1 + \cos\psi) = 2\xi'_0$$

et :

$$(2) \qquad \sigma = 4\pi \frac{R}{a} \xi'_0.$$

Pour évaluer ξ, comme nous avons vu que $\int \sigma' e^{-\sqrt{-1}\alpha r}$ était négligeable, il suffit de substituer les limites dans le terme intégré. Pour la limite qui correspond au bord L, on a $\sigma = 0$, pour celle qui correspond au point Q, σ a la valeur (2). Seulement dans le cas où les points sont dans l'ordre QPC, cette dernière limite est la limite inférieure; quand les points sont dans l'ordre QCP, c'est la limite supérieure. Par conséquent, il faut changer le signe quand on passe d'un cas à l'autre et écrire :

$$(\text{QPC}) \qquad \xi = \frac{R}{a} \xi'_0 e^{-\sqrt{-1}\alpha r}.$$

$$(\text{QCP}) \qquad \xi = - \frac{R}{a} \xi'_0 e^{-\sqrt{-1}\alpha r}.$$

Tout se passe donc comme si ξ changeait de signe par le passage de l'onde à travers un foyer; il y a une perte de phase de π correspondant à un retard de $\frac{\lambda}{2}$.

113. Des raisonnements analogues s'appliquent à une surface S quelconque, sans faire d'hypothèse sur la forme de cette surface au voisinage du point Q.

Toujours avec les mêmes notations nous aurons au point P :

$$\xi = \frac{\sqrt{-1}\,\alpha}{4\pi} \int \frac{X e^{-\sqrt{-1}\alpha r} d\omega'}{r}$$

Prenons un autre système de coordonnées avec le point P

comme origine ; l'axe des z sera QP et les plans des xz et des yz seront les sections principales de la surface au point Q. Un point M de la surface aura pour coordonnées (x, y, z) ; (nous supprimons les accents, ce qui n'a pas d'inconvénient puisque nous avons pris P comme origine). Ce point est le centre de gravité d'un élément $d\omega'$ faisant avec le plan des xy un angle que nous appellerons φ. Par conséquent :

$$d\omega' = \frac{dx\,dy}{\cos\varphi}$$

$$\xi = \frac{\sqrt{-1}\,\alpha}{4\pi} \int \frac{X'e^{-\sqrt{-1}\,\alpha r}}{r\cos\varphi}\,dx\,dy.$$

Nous savons qu'il suffit d'étendre l'intégration aux éléments voisins de Q. M sera donc toujours très voisin de Q. L'expression sous $\int$ se compose de deux facteurs :

1° $\dfrac{X}{r\cos\varphi}$ qui ne varie pas rapidement et a sensiblement la même valeur en M et en Q ;

2° $e^{-\sqrt{-1}\,\alpha r}$ qui varie au contraire très rapidement car sa dérivée $-\sqrt{-1}\,\alpha x e^{-\sqrt{-1}\,\alpha r}$ est très grande puisque α est très grand.

Nous pourrons donc prendre dans l'évaluation de la somme le facteur $\dfrac{X}{r\cos\varphi}$ avec la valeur qu'il a en Q.

Au point Q :

$$r = PQ = r_0 \qquad \xi' = \xi'_0 \qquad \psi = \varphi = 0$$

donc :

$$\frac{X}{r\cos\varphi} = \frac{2\xi'_0}{r_0}$$

Quant au second facteur $e^{-\sqrt{-1}\,\alpha r}$, il faut calculer sa valeur au point M, c'est-à-dire la valeur de r en ce point. Or C_1 et C_2 étant les centres de courbure principaux de la surface S au point Q, le point M étant très voisin de Q, on démontre que :

$$r = r_0 + mx^2 + ny^2$$

en posant :

$$m = \frac{PC_1}{2QP.QC_1} \qquad n = \frac{PC_2}{2QP.QC_2}$$

Les segments étant pris avec leur signe ; nous conviendrons donc de regarder PC comme positif si le point C est à droite de P, comme négatif si le point C est à gauche.

Cette expression de r n'est qu'une valeur approchée, obtenue en regardant x et y comme des infiniment petits du premier ordre et négligeant les infiniment petits d'ordre supérieur au second.

L'expression de ξ prendra donc la forme :

$$\frac{\sqrt{-1}\,\alpha}{4\pi} \int \frac{2\xi_0}{r_0} e^{-\sqrt{-1}\,\alpha\,(r_0 + mx^2 + ny^2)}dx\,dy.$$

Posons, pour mettre les signes en évidence :

$$\mu = +\sqrt{|m|}$$
$$\nu = +\sqrt{|n|}$$

$|m|$ et $|n|$ représentant les valeurs absolues de m et de n.

$$\mu\nu = \sqrt{|mn|} = \sqrt{\frac{PC_1.PC_2}{4\overline{QP}^2.QC_1.QC_2}}$$

ou en posant :

$$h = \sqrt{\left|\frac{PC_1 \cdot PC_2}{QC_1 \cdot QC_2}\right|}$$

$$\mu\nu = \frac{h}{2r_0}.$$

114. Trois cas sont à distinguer :

PREMIER CAS. — Les points sont dans l'ordre QPC_1C_2 (*fig.* 20) (1) ; autrement dit, pour aller de Q en P, le rayon ne rencontre aucune ligne focale, alors :

$$m = +\mu^2 \qquad n = +\nu^2.$$

DEUXIÈME CAS. — Des points sont dans l'ordre QC_1PC_2 (*fig.* 20) (2) ; le rayon allant de Q en P rencontre une seule ligne focale.

$$m = -\mu^2 \qquad n = +\nu^2.$$

TROISIÈME CAS. — Les points sont dans l'ordre QC_1C_2P (*fig.* 20) (3), le rayon rencontre deux lignes focales :

$$m = -\mu^2 \qquad n = -\nu^2.$$

Dans ce dernier, rentre le cas particulier où, C_1 et C_2 étant confondus, le rayon passe par un foyer.

Transformons l'intégrale en réunissant ces trois cas dans la même formule, nous aurons :

$$\xi = \frac{\sqrt{-1}\,\alpha}{2\pi} \frac{\xi_0'}{r_0} e^{-\sqrt{-1}\,\alpha r_\bullet} \int e^{-\sqrt{-1}\,\alpha(\pm\mu^2 x^2 \pm \nu^2 y^2)} dx\,dy.$$

Comme nous l'avons dit déjà, les portions de la surface voisine de Q ont seules une influence ; sans changer la valeur de ξ nous pouvons donc prendre comme limites $-\infty$ et $+\infty$.

L'intégrale se décomposera alors en un produit de deux autres :

$$\xi = \frac{\sqrt{-1}\,\varkappa}{4\pi}\,\frac{\xi_0'}{r_0}\,e^{-\sqrt{-1}\varkappa r_*}\int_{-\infty}^{+\infty} e^{\cdot\,\sqrt{-1}\varkappa\mu^2 x^2}\,dx \int_{\infty}^{+\infty} e^{-\sqrt{-1}\varkappa \nu^2 y^2}\,dy.$$

La valeur de ces intégrales est connue. On sait en effet que :

$$\int_{-\infty}^{+\infty} e^{\sqrt{-1}x^2}\,dx = \sqrt{\frac{\pi}{2}}\,(1 + \sqrt{-1}).$$

En posant $x = \mu\sqrt{\alpha x'}$, on trouve aisément :

$$\int_{-\infty}^{+\infty} e^{\sqrt{-1}\varkappa\mu^2 x^2}\,dx = \sqrt{\frac{\pi}{2\varkappa}}\,\frac{1 + \sqrt{-1}}{\mu}$$

ou en changeant $\sqrt{-1}$ en $-\sqrt{-1}$:

$$\int_{-\infty}^{+\infty} e^{-\sqrt{-1}\varkappa\mu^2 x^2}\,dx = \sqrt{\frac{\pi}{2\varkappa}}\,\frac{1 - \sqrt{-1}}{\mu}$$

ou en réunissant ces deux résultats

$$\int_{-\infty}^{+\infty} e^{\mp\sqrt{-1}\varkappa\mu^2 x^2}\,dx = \frac{1}{\mu}\,\sqrt{\frac{\pi}{2\varkappa}}\,(1 \mp \sqrt{-1})$$

et de même

$$\int_{-\infty}^{+\infty} e^{\mp\sqrt{-1}\varkappa\nu^2 y^2}\,dy = \frac{1}{\mu}\,\sqrt{\frac{\pi}{2\varkappa}}\,(1 \mp \sqrt{-1})$$

Substituons dans ξ :

$$\xi = \frac{\sqrt{-1}\,\varkappa}{2\pi}\,\frac{\xi_0'}{r_0}\,e^{-\sqrt{-1}\varkappa r_*}\,\frac{1}{\mu\nu}\,\frac{\pi}{2\varkappa}\,(1 \mp \sqrt{-1})(1 \mp \sqrt{-1})$$

$$= \frac{\sqrt{-1}\,\xi_0'\,e^{-\sqrt{-1}\varkappa r_*}}{2h}\,(1 \mp \sqrt{-1})(1 \mp \sqrt{-1}).$$

Si le rayon ne traverse aucune ligne focale il faut prendre $m = + \mu^2$, $n = + \nu^2$, et par conséquent

$$(1 - \sqrt{-1})\,(1 - \sqrt{-1})$$

$$\xi = \frac{\sqrt{-1}\,\xi_0'\,e^{-\sqrt{-1}\,\alpha r_0}}{2h}\,(1 - \sqrt{-1})^2 = \frac{\xi_0'\,e^{-\sqrt{-1}\,\alpha r_0}}{h}.$$

Si le rayon rencontre une seule ligne focale,

$$m = -\mu^2 \qquad n = +\nu^2$$

$$\xi = \frac{\sqrt{-1}\,\xi_0'\,e^{-\sqrt{-1}\,\alpha r_0}}{2h}\,(1 + \sqrt{-1})(1 - \sqrt{-1}) = \frac{\sqrt{-1}\,\xi_0'\,e^{-\sqrt{-1}\,\alpha r_0}}{h}.$$

Enfin si le rayon rencontre deux lignes focales ou un foyer :

$$m = -\mu^2 \qquad n = -\nu^2$$

$$\xi = \frac{\sqrt{-1}\,\xi_0'\,e^{-\sqrt{-1}\,\alpha r_0}}{2h}\,(1 + \sqrt{-1})^2 = -\frac{\xi_0'\,e^{-\sqrt{-1}\,\alpha r_0}}{h}.$$

Les valeurs de ξ sont les mêmes dans les trois cas aux facteurs près 1, $\sqrt{-1}$, -1 ; il faut donc dans le second cas : retrancher à la différence de marche $\frac{\lambda}{4}$ et dans le troisième, retrancher $\frac{\lambda}{2}$

CHAPITRE VIII

PROBLÈME GÉNÉRAL DE LA DIFFRACTION

HYPOTHÈSES DE KIRCHHOFF

115. Revenons au problème général de la diffraction.

Nous avons démontré précédemment (98-101) le principe de Huyghens et donné l'application qu'en avait faite Fresnel.

Nous avons trouvé

$$\xi = \int \left(\frac{d\xi'}{dn}\, \varphi - \xi'\, \frac{d\varphi}{dn} \right) \frac{d\omega'}{4\pi}$$

pour un point extérieur à une surface S, cette $\int$ étant nulle pour un point intérieur (pour la signification des notations, se reporter au § 98).

Pour déterminer ξ il faut donc connaître les valeurs de ξ' et de $\dfrac{d\xi'}{dn}$ aux différents points de S.

Fresnel choisit pour S une surface d'onde sphérique, partiellement occupée par l'écran. Il admet que ζ' et $\dfrac{d\zeta'}{dn}$ sont nuls sur l'écran et ont même valeur, sur les portions éclairées que si l'écran n'existait pas.

Ces hypothèses ont été contestées à différentes reprises : en particulier par Poisson. Poisson prétendait qu'on devait aussi observer des franges à l'intérieur de la sphère S, la présence de l'écran altérant le mouvement à l'intérieur comme à l'extérieur de S'. Nous avons dit déjà que cette conclusion n'est pas légitime (94).

On a cru quelquefois observer des franges à l'intérieur de S, c'est-à-dire en-deçà de l'écran. Mais Fresnel avait bien vu que ce n'était qu'une illusion due à la loupe avec laquelle on examine les phénomènes.

Cet emploi de la loupe est d'ailleurs parfaitement permis. Que suffit-il en effet de faire pour le légitimer? il suffit de montrer que la loupe ne produit, entre les rayons qui la traversent, aucune différence de marche nouvelle.

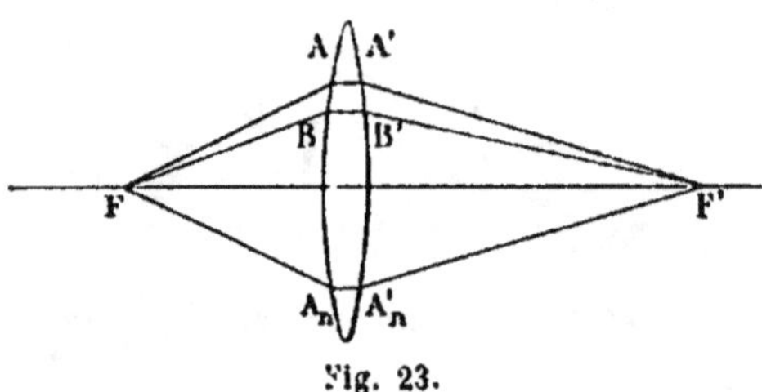

Fig. 23.

Or, soit FAA'F' (*fig.* 23), un rayon réfracté. Le temps τ que met la lumière pour parcourir ce chemin est un minimum par rapport au temps qu'elle mettrait à parcourir un chemin infiniment voisin FBB'F', ce temps τ est fonction de deux variables, par exemple, les distances des points B et B' à l'axe FF'. Puisque

τ est minimum ; pour FAA'F', aux points A et A'.

$$d\tau = 0.$$

Nous avons une série de chemins

$$FA_1A_1'F', \qquad FA_2A_2'F'..... \qquad FA_nA_n'F'$$

qui tous sont conformes à la loi de la réfraction ; on a donc en passant de l'un à l'autre :

$$d\tau = 0 \quad \text{et} \quad \tau = \text{const.}$$

Par conséquent, la différence de phase des rayons est la même en F et en F', et l'intensité sera aussi la même en ces deux points : ce qui autorise l'usage de la lentille. Seulement, si on rapproche de plus en plus la lentille de l'écran, le foyer F finira par se trouver en-deçà de l'écran ; on aura encore des phénomènes d'interférence en F' ; mais on ne peut en conclure qu'il y en ait en F. Tous les rayons issus de F mettent, il est vrai, le même temps pour venir en F' ; mais une partie d'entre eux est interceptée par l'écran, et les conditions d'interférence ne sont plus les mêmes en F' et en F.

Il nous reste maintenant à rendre compte de cette circonstance que les franges n'existent pas en-deçà de l'écran.

Kirchhoff a voulu l'expliquer à l'aide des hypothèses suivantes :

116. Hypothèses de Kirchhoff. — Il suppose que l'écran est un corps absolument noir, c'est-à-dire qui ne laisse passer ni ne réfléchit aucune lumière.

Ce corps diffère donc des métaux qui absorbent la lumière transmise sous une très faible épaisseur, mais réfléchissent une notable portion de la lumière qu'ils reçoivent.

Pour les métaux nous pouvons, d'après la théorie de Cauchy, écrire les conditions aux limites ; pour un corps absolument noir, il est impossible d'écrire ces conditions sans faire de nouvelle hypothèse.

Nous admettrons que l'écran a une forme telle qu'un rayon issu de O (*fig.* 24) ne rencontre sa surface qu'en deux points ou ne la rencontre pas ; il faudra distinguer les points de l'écran qui sont visibles du point O, et ceux qui ne le sont pas :

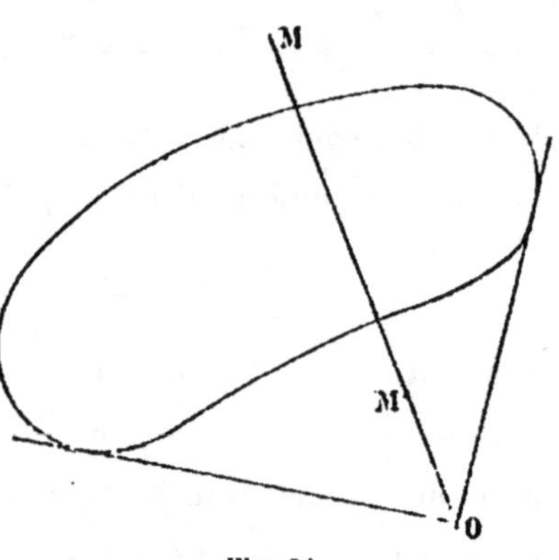

Fig. 24.

les deux régions seront séparées par une courbe qui sera le contour apparent de l'écran vu de O.

Kirchhoff suppose qu'au point M, vu du point O, les valeurs de ξ et de $\dfrac{d\xi_1}{dn}$ sont les mêmes que si l'écran n'existait pas :

$$\xi = \xi_1 \qquad \frac{d\xi}{dn} = \frac{d\xi_1}{dn}.$$

En un point M', qui n'est pas vu de O, Kirchhoff suppose que :

$$\xi = \frac{d\xi}{dn} = 0$$

Appliquons le principe de Huyghens. Considérons quatre surfaces, une sphère s décrite de O comme centre, la portion A de la surface S non située sur l'écran, B portion de la surface de l'écran regardant O, C surface opposée de l'écran (*fig.* 25).

Soit ξ_1 la valeur de ξ en un point (x, y, z) extérieur à S.

Appelons respectivement, s, A, B, C les valeurs de l'intégrale.

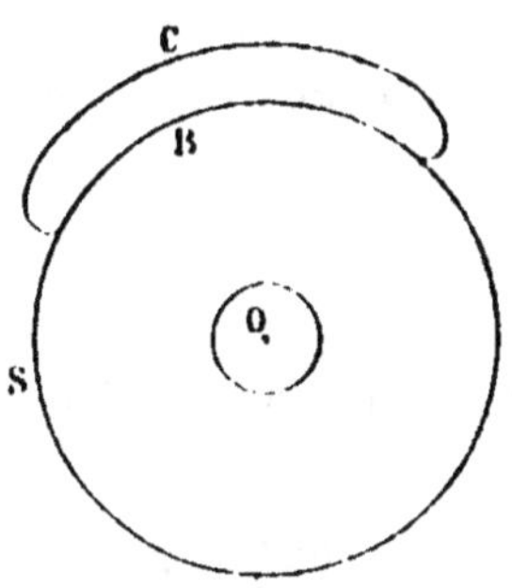

Fig. 25.

$$\int \left(\frac{d\xi_1'}{dn} \varphi - \xi_1' \frac{d\varphi}{dn} \right) \frac{d\omega'}{4\pi}$$

étendues aux surfaces s, A, B, C.

Appliquons le principe de Huyghens à tout l'espace extérieur à s, et à la surface totale de l'écran (B + C).

$$\xi_1 = s + B + C.$$

D'autre part :

$$\xi = \int \left(\frac{d\xi'}{dn} \varphi - \xi' \frac{d\varphi}{dn} \right) \frac{d\omega'}{4\pi}$$

au voisinage de O, on peut admettre que ξ ne dépend pas de la présence ou de l'absence d'écran, le long de la surface B. Le long de C, on a :

$$\xi = \frac{d\xi}{dn} = 0$$

Donc :

$$\xi = s + B.$$

Appliquons le principe à ξ_1 pour l'espace extérieur à la surface S et à la surface de l'écran :

$$\xi_1 = A + C$$

D'où :

$$\xi = \xi_1 - C = A.$$

Par conséquent, pour calculer ξ, il faut étendre l'intégration à la portion de S non recouverte par l'écran en conservant les valeurs ξ_1 et $\dfrac{d\xi_1}{dn}$.

Que faut-il penser de ces hypothèses de Kirchhoff? Sont-elles plausibles ou même compatibles ?

Remarquons qu'il faut satisfaire à une condition : c'est que l'intégrale étendue à une surface fermée soit nulle, si le point (x, y, z) est intérieur à cette surface. Considérons donc un point intérieur à l'écran, l'intégrale a pour valeur

$$s + B + C$$

puisqu'il n'y a pas de source lumineuse extérieure aux surfaces S, B, C.

Aux divers points de B :

$$\xi' = \xi_1 \qquad \frac{d\xi'}{dn} = \frac{d\xi'}{dn}.$$

Aux divers points de C :

$$\xi' = 0 \qquad \frac{d\xi'}{dn} = 0.$$

Enfin sur s :

$$\xi' = \xi_1 \qquad \frac{d\xi'}{dn} = \frac{d\xi}{dn},$$

d'après Kirchhoff. Il faut donc que :

$$\xi = 0 = B + s.$$

Raisonnons de même sur ξ_1 et intégrons le long des mêmes surfaces :

$$\xi_1 = 0 = B + C + s.$$

Par conséquent :

$$C = 0.$$

Il faudrait donc que C fût nul pour une portion de surface quelconque, quel que soit ξ_1 et quelle que soit la forme de l'écran. Cela ne pourrait avoir lieu que si ξ_1 était identiquement nul.

Cependant, si ces conditions ne sont pas rigoureusement compatibles, elles le sont au moins d'une manière approximative, quand on néglige les quantités de l'ordre de la longueur d'onde. En se donnant alors deux des conditions, par exemple,

$$\xi = \xi_1 \qquad \frac{d\xi_1}{dn} = \frac{d\xi_1}{dn}$$

les deux autres s'en déduiraient d'une façon approximative.

117. Nous ne connaissons pas suffisamment les propriétés des corps noirs pour pouvoir les mettre en équation. Il y a toutefois des cas où il serait possible d'écrire complètement les équations du problème de la diffraction.

Supposons, par exemple, que l'écran soit formé par un prisme de verre ; soit ABC une section droite de ce prisme que nous prendrons comme plan de la figure (*fig.* 26). Faisons tomber sur ce prisme un faisceau de rayons parallèles, perpendiculaires à son arête. Une partie HK du faisceau ne subit ni réflexion ni réfraction ; une autre partie MN est réfractée, enfin la partie PQ est réfléchie. Si la théorie géométriques des ombres était exacte, ces faisceaux seraient limités par des plans perpendiculaires au plan de la figure et ayant respectivement pour traces FK, BH, BN, ... DQ. En réalité, il n'en est pas ainsi et il se produit des franges de diffraction sur le bord de ces faisceaux.

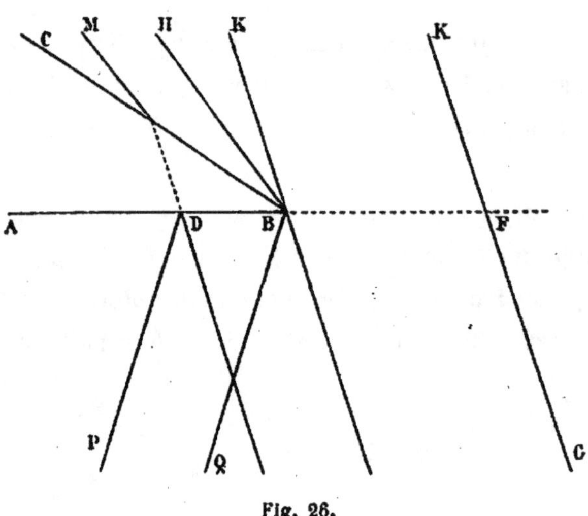

Fig. 26.

Supposons que les rayons incidents soient polarisés dans le plan de la figure ; prenons l'arête du prisme comme axe des x, la force électrique sera parallèle à cet axe : soit ξ. Les conditions à remplir sont, dans l'air :

$$\frac{d^2\xi}{dt^2} = V^2 \Delta\xi$$

et dans le verre :

$$\frac{d^2\xi}{dt^2} = V_1^2 \Delta\xi$$

V et V_1 étant respectivement les vitesses de la lumière dans l'air et dans le verre.

Comme conditions aux limites, sur les faces du prisme, ξ et $\frac{d\xi}{dn}$ devront être continus.

Si les rayons n'étaient pas polarisés dans un plan perpendiculaire à l'arête du prisme, ou s'ils n'étaient pas parallèles à ce plan, si le corps avait une forme différente de celle d'un prisme, le problème serait beaucoup plus compliqué. Il faudrait faire intervenir les lois de la réflexion vitreuse, et on ne pourrait plus séparer les trois composantes ξ, η, ζ ; il faudrait ainsi trois équations, chacune contenant ces trois composantes.

Si l'écran est formé d'un métal, on peut encore écrire les conditions aux limites; il est impossible de séparer les trois composantes, et la mise en équations est fort compliquée.

118. La mise en équations devient relativement simple dans le cas particulier où le métal est regardé comme un conducteur parfait. Il suffit alors d'exprimer que la force électrique est normale au conducteur, formant écran. C'est le cas des oscillations hertziennes, vis-à-vis desquelles tous les métaux se comportent comme des conducteurs parfaits ; mais cela ne serait plus vrai pour les vibrations lumineuses, comme nous l'avons vu au n° 75.

Enfin les équations de condition deviennent encore plus simples, si on suppose que l'écran ait la forme d'un cylindre dont les génératrices soient parallèles à Ox. La première composante ξ doit vérifier l'équation :

$$\Delta\xi + \alpha^2\xi = 0$$

De plus, ξ doit être fini sauf au voisinage de la source qui est ici l'excitateur. Au voisinage de l'écran, ξ doit être nul ; car ξ, parallèle à Oz et, par conséquent, à l'axe du cylindre est une composante tangentielle et la force doit être normale à l'écran.

Néanmoins la résolution du problème présente de grandes difficultés, parce que la longueur d'onde λ n'est plus de l'ordre des quantités négligeables.

119. On pourrait s'attendre à trouver dans ce cas des phénomènes de diffraction très intenses et absolument différents de ceux que ferait prévoir la théorie géométrique des ombres ; mais il n'en est pas ainsi. Cela tient d'abord au défaut de précision des expériences : ensuite ce résultat paraîtra moins surprenant si on compare ces phénomènes à un phénomène d'électrostatique de la façon suivante.

Plus α est grand, plus on se rapproche de la théorie géométrique des ombres. Supposons que α devienne très petit et même, en passant tout de suite à la limite, qu'il devienne nul, alors

$$\Delta \xi = 0.$$

Cette équation est celle de Laplace.

D'autre part, ξ est fini et continu, sauf au voisinage de la source. Nous pouvons bien imaginer dans le champ des corps électrisés, distribués de manière telle que leur potentiel se comporte dans leur voisinage comme ξ au voisinage de la source. Au voisinage de l'écran, ξ = 0. Il en sera de même de ce potentiel, si l'écran est en communication avec le sol.

Or, dans ce cas limite, les expériences d'électrostatique montrent que l'écran donne derrière lui une sorte d'ombre électrique, et c'est dans ces conditions que nous sommes le plus éloignés de la théorie géométrique des ombres.

120. Le problème de la diffraction est donc susceptible
d'être posé de bien des manières ; mais, quelle que soit la façon
dont on se le donne, quelle que soit la nature de l'écran, les
phénomènes observés sont les mêmes. Il y a, il est vrai, une
différence qui est évidente.

Soient O une source de lumière, S l'écran (*fig.* 27). Parmi les
rayons émanés de O, les uns se propagent sans obstacle, les
autres sont arrêtés par l'écran ; ils seront absorbés, si l'écran
est un corps absolument noir ; ils seront réfléchis, si l'écran
est formé d'un métal.

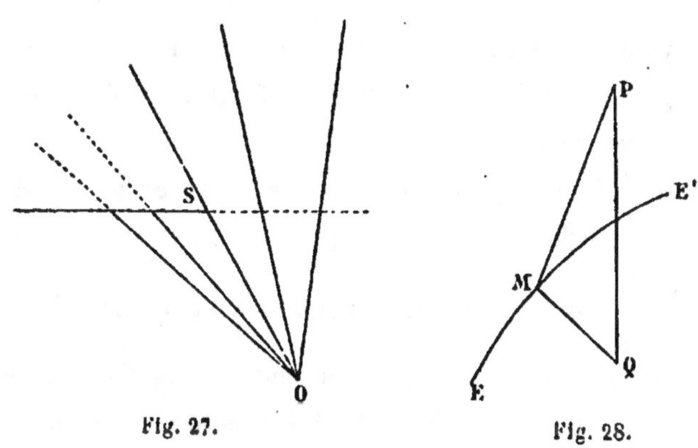

Fig. 27.   Fig. 28.

Nous aurons donc seulement un faisceau transmis dans le
premier cas, et au contraire nous aurons un faisceau transmis
et un faisceau réfléchi dans le second cas. Mais les franges de
diffraction qui se produisent sur les bords du faisceau transmis sont les mêmes dans les deux cas, bien que les équations
du problème soient très différentes.

Comment cela se fait-il ?

Soient un point P (x, y, z), Q le point de l'écran S le plus
rapproché de P (*fig.* 28) ; représentons le bord de l'écran en

EE', et soit M le point de ce bord le plus rapproché de Q. Posons :

$$MQ = \delta \qquad PQ = r_0.$$

Pour que les phénomènes soient sensibles il faut que (105.) :

$$\frac{\delta}{\sqrt{r_0 \lambda}}$$

soit fini : autrement dit que δ soit de l'ordre de $\sqrt{r_0 \lambda}$, c'est l'ordre de la largeur des franges.

En général r_0 est une quantité finie si nous considérons λ comme étant du deuxième ordre, δ étant de l'ordre de $\sqrt{\lambda}$, sera du premier ordre : la largeur des franges est donc très petite du premier ordre.

Si le point P se rapproche de Q, de façon à devenir extrêmement voisin de l'écran, r_0 devient de l'ordre de δ. Il faut que $\sqrt{\dfrac{\delta}{\lambda}}$ soit fini, ce qui exige que δ soit de l'ordre de λ, c'est-à-dire du deuxième ordre ; par conséquent au voisinage de l'écran, la largeur des franges est très petite du deuxième ordre. Rigoureusement, comme l'épaisseur ε de l'écran n'est pas infiniment petite, il faudrait dire que cette largeur est de l'ordre de $\sqrt{\varepsilon \lambda}$. Ces conclusions sont conformes aux observations, lesquelles montrent en effet que les franges deviennent de plus en plus fines à mesure qu'on se rapproche de l'écran.

Or, pour trouver la valeur de ξ au point P, nous avons appliqué la formule

$$\xi = \int \left(\frac{d\xi'}{dn} \varphi - \xi' \frac{d\varphi}{dn} \right) d\omega',$$

en supposant que sur la partie éclairée de S, ζ et $\dfrac{d\zeta}{dn}$ aient les mêmes valeurs ξ_1 et $\dfrac{d\xi_1}{dn}$ que si l'écran n'existait pas, et que sur l'écran $\xi = \dfrac{d\zeta}{dn} = 0$; en d'autres termes nous avons fait le calcul comme si la théorie géométrique des ombres était applicable au voisinage immédiat de l'écran, ce qui n'est pas rigoureusement exact ; il existe en effet sur le bord même de l'écran des franges très fines comme nous venons de le voir, et sur une sorte de ruban mince dont la largeur est très petite du deuxième ordre, tout le long de l'écran, nos hypothèses ne sont plus vraies.

Cette circonstance influera nécessairement sur les phénomènes qui se passent en P ; ce sera comme si la surface éclairée, au lieu d'être nettement limitée, présentait un bord en quelque sorte estompé, ce qui peut nous faire commettre sur la position de l'écran une erreur ε. Il résulte de ce que nous avons dit dans le paragraphe précédent que cette erreur peut produire sur les maxima et minima en P un déplacement qui sera très petit du deuxième ordre, mais ce déplacement sera très petit relativement à la largeur des franges en P, cette largeur étant du premier ordre, et nous observerons en P les mêmes phénomènes que si la théorie géométrique était applicable sur l'écran.

Au point Q au voisinage de l'écran, nous observerons donc des franges dont la largeur sera très petite du second ordre et dont la position dépendra des données particulières du problème, entre autres de la nature et de l'épaisseur de l'écran.

En P, au contraire, à distance finie de l'écran, les franges auront une largeur plus grande, qui sera très petite du premier ordre, les franges précédentes n'auront pas d'influence sur celles-ci, qui ne dépendront pas non plus de la nature de l'écran. C'est effectivement ce qu'on observe.

121. Expériences de M. Gouy. — M. Gouy a réalisé des expériences où cette influence de l'écran se fait sentir d'une façon notable.

Il concentre la lumière au foyer d'une lentille convergente, ce foyer se trouvant sur le bord même de l'écran, et il observe la lumière diffractée. Dans ce cas, les franges fines du bord de l'écran ont une influence même sur les franges observées à distance finie ; cela tient à ce que la surface que nous avons appelée S est ici une sphère de très petit rayon et que les franges fines occupent une portion notable de la surface de cette sphère.

122. Intégrales de Fresnel. — Les procédés d'approximation dont on fait usage ordinairement en traitant le problème de la diffraction et qui conduisent, comme on sait, aux intégrales de Fresnel, peuvent être remplacés par d'autres qui conduisent au même résultat et qu'il peut être intéressant de connaître. En voici un exemple.

Soit un écran occupant toute la moitié du plan des xy : du côté des $x < 0$, l'axe des y étant le bord de cet écran, imaginons une onde plane parallèle au plan des xy ; les rayons lumineux sont parallèles à Oz, une portion du faisceau est transmise à travers le plan des xy, l'autre est arrêtée. Si les vibrations sont parallèles à Oy :

$$\xi = \zeta = 0$$

$$\eta = Ae^{\sqrt{-1}(pt - \alpha r)}.$$

Dans le cas général, A est une fonction de (x, y, z, t), assujettie seulement à varier très lentement. Ici nous supposerons que A ne dépend pas de t, c'est-à-dire que le régime est établi et ne dépend pas non plus de y.

La condition de transversalité se réduit alors à :

$$0 = \frac{d\eta}{dy} = 0.$$

Posons pour abréger

$$\varepsilon = e^{\sqrt{-1}\,(pt - \alpha r)},$$

ou

$$\eta = A\varepsilon,$$

Il faut que :

$$(1) \qquad \frac{d^2\eta}{dt^2} = \Delta\eta.$$

Or :

$$\frac{d^2\eta}{dt^2} = -\,A\varepsilon p^2$$

$$\Delta\eta = -\,\alpha^2 A\varepsilon - 2\sqrt{-1}\,\alpha\varepsilon\frac{dA}{dz} + \varepsilon\Delta A.$$

En substituant et remarquant que $\alpha V = p$, il vient :

$$2\sqrt{-1}\,\alpha\frac{dA}{dz} = \Delta A = \frac{d^2A}{dx^2} + \frac{d^2A}{dz^2}$$

$$(2) \qquad \frac{dA}{dz} = \frac{1}{2\sqrt{-1}\,\alpha}\left(\frac{d^2A}{dx^2} + \frac{d^2A}{dz^2}\right).$$

Différencions par rapport à z :

$$\frac{d^2A}{dz^2} = \frac{1}{2\sqrt{-1}\,\alpha}\left(\frac{d^3A}{dx^2 dz} + \frac{d^3A}{dz^3}\right).$$

Remplaçons $\dfrac{d^2\Lambda}{dz^2}$ par cette valeur dans (2)

$$\frac{dz}{d\Lambda} = \frac{1}{2\sqrt{-1}\,\alpha}\frac{d^2A}{dx^2} - \frac{1}{4x^2}\left(\frac{d^3\Lambda}{dx^2 dz} + \frac{d^3A}{dz^3}\right).$$

Comme α est très grand, on peut négliger les termes en $\dfrac{1}{x^2}$ et il reste :

$$(3) \qquad\qquad \frac{d\Lambda}{dz} = -\frac{\sqrt{-1}\,\lambda}{4\pi}\frac{d^2A}{dx^2}$$

en remplaçant α par $\dfrac{2\pi}{\lambda}$.

Il faut trouver la valeur de A au-dessus du plan des xy $(x > 0, z = 0)$.

Nous admettons que : $A = 0$ pour $z = 0$ et $x < 0$, et que $A = 1$ pour $z = 0$, $x > 0$.

Remarquons que cette fonction A satisfera encore à ces conditions si on change x en mx et z en m^2z, m étant une quantité positive quelconque. Donc A est une fonction de $\dfrac{x^2}{z}$.
Posons

$$u = x\sqrt{\frac{2}{z\lambda}},$$

A sera une fonction de u

$$\Lambda = \varphi(u)$$
$$\frac{du}{dx} = \sqrt{\frac{2}{z\lambda}} \qquad \frac{du}{dz} = -\frac{1}{2}\frac{u}{z}$$
$$\frac{d\Lambda}{dx} = \varphi'(u)\sqrt{\frac{2}{z\lambda}}$$
$$\frac{d^2A}{dx^2} = \varphi''(u)\frac{2}{z\lambda}$$
$$\frac{d\Lambda}{dz} = -\frac{\varphi'}{2}\frac{u}{z}.$$

Substituons dans l'équation (3) :

$$-\frac{1}{2}\,\varphi'\,\frac{u}{z} = -\frac{\sqrt{-1}}{4\pi}\,\frac{\lambda}{z\lambda}\,\frac{2}{}\,\varphi''.$$

ou

$$\varphi'' = -\sqrt{-1}\,\pi\varphi'u$$

$$\frac{\varphi''}{\varphi'} = -\sqrt{-1}\,\pi u$$

$$\varphi' = \mathrm{B}e^{-\sqrt{-1}\,\pi\frac{u^2}{2}}$$

$$\mathrm{A} = \varphi = \mathrm{B}\int e^{-\sqrt{-1}\,\pi\frac{u^2}{2}}\,du + \mathrm{C}.$$

Les conditions

$$\mathrm{A} = 0 \text{ pour } x < 0 \text{ et } z = 0, \text{ ou } u = -\infty$$
$$\mathrm{A} = 1 \text{ pour } x > 0 \text{ et } z = 0, \text{ ou } u = +\infty$$

permettent de définir les constantes d'intégration B et C.

Il est aisé de reconnaître les intégrales de Fresnel.

CHAPITRE IX

DIFFRACTION DES ONDES CONVERGENTES

123. Ondes cylindriques. — Soit une onde cylindrique, ayant pour axe Ox; si les vibrations sont parallèles à Ox,

$$\eta = \zeta = 0$$

et la condition de transversalité devient

$$0 = \frac{d\xi}{dx} = 0,$$

ζ ne dépend donc que de y, z, t.

Posons

$$y = \rho \cos \omega$$
$$z = \rho \sin \omega,$$

ξ deviendra une fonction de ρ, ω, t.

L'équation

$$(1) \qquad \Delta^2 \xi + \alpha^2 \xi = 0,$$

à laquelle doit satisfaire ξ, prend en fonction de ρ, ω, la forme :

$$(2) \qquad \frac{d^2\xi}{d\rho^2} + \frac{1}{\rho}\frac{d\xi}{d\rho} + \frac{1}{\rho^2}\frac{d^2\xi}{d\omega^2} + \alpha^2\xi = 0.$$

ξ est une fonction périodique de ω et peut être développé suivant la formule de Fourier :

$$\xi = \lambda_0 + \lambda_1 \cos \omega + \lambda_2 \cos 2\omega + \dots + \lambda_n \cos n\omega$$
$$+ \mu_1 \sin \omega + \mu_2 \sin 2\omega + \dots + \mu_n \sin n\omega.$$

λ_0, λ_1 ... λ_n, μ_0, μ_1 ... μ_n étant des fonctions de ρ. Substituons à ξ cette valeur dans (2).

$$\xi = \sum \lambda_n \cos n\omega + \sum \mu_n \sin n\omega$$
$$\frac{d^2\xi}{d\omega^2} = \sum - n^2\lambda_n \cos n\omega + \sum - n^2\mu_n \sin n\omega.$$

Le premier membre de (2) doit être identiquement nul : les coefficients de cos $n\omega$ et de sin $n\omega$ doivent être nuls identiquement :

λ_n satisfait donc à l'équation différentielle :

$$(3) \qquad \frac{d^2\lambda_n}{d\rho^2} + \frac{1}{\rho}\frac{d\lambda_n}{d\rho} - \frac{n^2}{\rho^2}\lambda_n - \alpha^2\lambda_n = 0.$$

Faisons $\alpha = 1 \qquad \lambda_n = u.$

$$(4) \qquad \frac{d^2u}{d\rho^2} + \frac{1}{\rho}\frac{du}{d\rho} + u\left(1 - \frac{n^2}{\rho^2}\right) = 0,$$

λ_n doit rester fini pour $\rho = 0$. Les seules solutions de l'équation (4) qui restent finies pour $\rho = 0$ sont de la forme

$$u = \Lambda J_n (\rho),$$

A étant une constante et $J_n(\rho)$ la fonction de Bessel :

$$J_n(\rho)=\frac{\left(\frac{\rho}{2}\right)^n}{n!}\left[1-\frac{\left(\frac{\rho}{2}\right)^2}{1.(n+1)}+\frac{\left(\frac{\rho}{2}\right)^4}{1.2.(n+1)(n+2)}-\frac{\left(\frac{\rho}{2}\right)^6}{1.2.3.(n+1)(n+2)(n+3)}\cdots\right]$$

Pour avoir λ_n il suffit de changer ρ en $\alpha\rho$:

$$\lambda_n = A_n J_n(\alpha\rho),$$

De même :

$$\mu_n = B_n J_n(\alpha\rho).$$

Substituons ces valeurs de $\lambda_n \alpha$ de μ_n dans ξ, il vient ;

$$\xi = A_0 J_0(\alpha\rho) + J_1(\alpha\rho)(A_1\cos\omega + B_1\sin\omega)$$
$$+J_2(\alpha\rho)(A_2\cos2\omega+B_2\sin2\omega)+\ldots+J_n(\alpha\rho)(A_n\cos n\omega+B_n\sin n\omega)$$

124. Nous allons appliquer cette formule à l'étude des phénomènes qui se passent au voisinage d'une ligne focale.

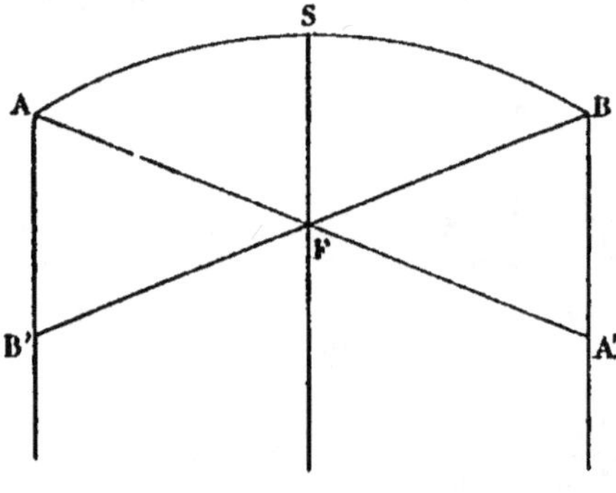

Fig. 29.

Soient un miroir en forme de cylindre parabolique (*fig.* 20), ASB la parabole de base ; nous supposerons que les extrémités A et B sont également distantes de S : le plan mené par l'axe SF de la parabole parallèlement aux génératrices du cylindre sera un plan de symétrie.

Une onde plane tombe sur ce cylindre : les plans d'onde sont perpendiculaires à l'axe SF. D'après la théorie géométrique de la réflexion, les rayons réfléchis passent par le foyer F et les ondes réfléchies passent par la ligne focale, menée en F parallèlement aux génératrices du cylindre. Les rayons formeraient donc un faisceau limité par les plans parallèles aux génératrices, dont les traces sur le plan de la figure sont AFA′ et BFB′.

Prenons la ligne focale comme axe des x ; comme plan des xy le plan contenant cet axe et l'axe SF de la parabole : ce sera le plan de symétrie. Posons ensuite :

$$y = \rho \cos \omega$$
$$z = \rho \sin \omega.$$

Supposons que la vibration soit parallèle à Ox ; nous pourrons écrire :

$$\xi = f(\rho, \omega) \cos pt + f_1(\rho, \omega) \sin pt,$$

ξ doit vérifier l'équation

$$\Delta\xi + \alpha^2\xi = 0.$$

Nous avons trouvé que ξ devait alors être de la forme [1] :

$$\xi = A_0 J_0(\alpha\rho) + A_1 J_1(\alpha\rho) \cos \omega + A_2 J_2(\alpha\rho) \cos 2\omega + \ldots\ldots$$
$$+ B_1 J_1(\alpha\rho) \sin \omega + B_2 J_2(\alpha\rho) \sin 2\omega + \ldots\ldots$$

$A_0, A_1, \ldots\ldots, B_0, B_1, \ldots\ldots$ ne dépendent pas de ρ et de ω, mais

---

[1] Pour plus de détails sur les propriétés de ces équations et des fonctions $J_n(\rho)$, voir Tisserand, *Traité de mécanique céleste.*

sont fonctions de t.

$$A_n = A_n' \cos pt + A_n'' \sin pt$$
$$B_n = B_n' \cos pt + B_n'' \sin pt.$$

Le plan des xy étant un plan de symétrie, ξ ne change pas quand on remplace ω par $-\omega$, les termes qui contiennent les sinus doivent donc être nuls, et l'expression de ξ se réduire à :

$$\xi = \sum A_n J_n (\alpha\rho) \cos n\omega$$
$$= \sum A_{2n} J_{2n}(\alpha\rho) \cos 2n\omega + \sum A_{2n+1} J_{2n+1}(\alpha\rho) \cos(2n+1)\omega.$$

Si ρ devient très grand, nous pourrons calculer une valeur asymptotique de ξ. Nous avons donné déjà (85) une formule asymptotique pour $J_0(\rho)$:

$$J_0(\rho) = \sqrt{\frac{2}{\pi\rho}} \cos\left(\rho - \frac{\pi}{4}\right).$$

D'autre part, les fonctions J sont liées par la relation de récurrence :

$$n J_n(\rho) = \frac{\rho}{2}\left[J_{n-1}(\rho) + J_{n+1}(\rho)\right]$$

ou

$$J_{n-1}(\rho) + J_{n+1}(\rho) + \frac{2n}{\rho} J_n(\rho)$$

quand ρ devient très grand, le second membre tend vers 0 et approximativement :

$$J_{n-1}(\rho) + J_{n+1}(\rho) = 0$$

d'où :

$$J_{2n}(\rho) = (-1)^n J_0$$
$$J_{2n+1}(\rho) = (-1)^n J_1.$$

Pour calculer J_1, nous ferons usage de la relation

$$\frac{dJ_1}{d\rho} = J_0(\rho),$$

d'où nous tirerons :

$$J_1 = \sqrt{\frac{\pi}{2\rho}}\,\sin\left(\rho - \frac{\pi}{4}\right).$$

En effet différencions :

$$\frac{dJ_1}{d\rho} = \sqrt{\frac{\pi}{2\rho}}\,\cos\left(\rho - \frac{\pi}{4}\right) - \frac{1}{\rho}\,\sqrt{\frac{\pi}{\rho}}\,\sin\left(\rho - \frac{\pi}{4}\right).$$

Le second terme contenant ρ en dénominateur est négligeable, et il reste

$$\frac{dJ_1}{d\rho} = \sqrt{\frac{\pi}{2\rho}}\,\cos\left(\rho - \frac{\pi}{4}\right) = J_0(\rho).$$

D'une manière générale, nous aurons quel que soit n :

$$J_n(\rho) = \sqrt{\frac{2}{\pi\rho}}\,\cos\left(\rho - \frac{\pi}{4} + n\frac{\pi}{2}\right).$$

Posons pour abréger :

$$H = \sqrt{\frac{2}{\pi\alpha\rho}} \quad \text{et} \quad \alpha\rho - \frac{\pi}{4} = \psi$$

$$J_n(\alpha\rho) = H\left(\psi + n\frac{\pi}{2}\right)$$

et pour ρ très grand, nous aurons :

$$\xi = \sum HA_{2n} \, (-1)^n \cos \psi \cos 2n\omega$$

$$+ \sum HA_{2n+1} \, (-1)^n \sin \psi \cos (2n+1) \, \omega,$$

ce que j'écrirai :

$$(1) \qquad \xi = HB \cos \psi + HC \sin \psi$$

avec

$$B = \sum A_{2n} \, (-1)^n \cos 2n\omega$$

$$C = \sum A_{2n+1} \, (-1)^n \cos (2n+1) \, \omega.$$

Remarquons que les coefficients A_n et par conséquent B et C dépendent du temps. B ne contient que des multiples pairs de ω et ne change pas quand on remplace ω par $\pi - \omega$.

Au contraire C, qui ne renferme que des multiples impairs de ω, change de signe quand ω se change en $\pi - \omega$.

125. Cette expression donne la valeur de ξ quand on s'écarte beaucoup du foyer. Mais à une grande distance du foyer, il n'y aura pas de diffraction sensible ; nous pourrons donc admettre que l'amplitude qui est en raison inverse de $\sqrt{\rho}$, est égale à H à l'intérieur du faisceau et à o à l'extérieur. Il convient d'observer de plus que l'onde est convergente en-deçà du foyer et divergente au-delà.

Soit β la demi-ouverture SFA du miroir.

Pour les valeurs de ω comprises entre O et $+ \beta$, l'onde est convergente, d'où :

$$\xi = \mathrm{H} \cos\left(\alpha\rho - \frac{\pi}{4} + pt\right) = \mathrm{H} \cos(\dot{\psi} + pt)$$

Pour ω compris entre $+\beta$ et $\pi - \beta$, on est en dehors du faisceau et il n'y a pas de lumière :

$$\xi = 0.$$

Pour ω compris entre $\pi - \beta$ et π, l'onde est divergente et l'on a :

$$\xi = \mathrm{H} \cos(\psi - pt)$$

En comparant cette expression de ξ à l'expression (1) et identifiant les coefficients de $\cos \psi$ et de $\sin \psi$, nous trouverons :

$$o < \omega < \beta \quad \begin{cases} \mathrm{B} = \cos pt \\ \mathrm{C} = \sin pt \end{cases}$$

$$\beta < \omega < \pi - \beta \quad \begin{cases} \mathrm{B} = 0 \\ \mathrm{C} = 0 \end{cases}$$

$$\pi - \beta < \omega < \pi \quad \begin{cases} \mathrm{B} = \cos pt \\ \mathrm{C} = \sin pt \end{cases}$$

Ces fonctions B et C sont donc définies entre 0 et π et par conséquent entre $-\pi$ et $+\pi$. Il suffit pour étendre la définition à ce second intervalle de changer ω en $\pi - \omega$, ce qui modifie le signe de C sans changer celui de B.

La formule de Fourier permet alors de calculer les coefficients A ; on trouve :

$$\mathrm{A}_{2n} = (-1)^n \frac{\sin 2n\beta}{2n} \frac{4}{\pi}$$

$$\mathrm{A}_{2n} + 1 = (-1)^n \frac{\sin (2n + 1) \beta}{2n} \frac{4}{\pi}$$

126. Revenons à présent à la valeur exacte de ξ : dans le plan des xz, qui est le plan mené par la ligne focale perpendiculairement à l'axe SF, l'expression asymptotique de ξ serait nulle.

Pour ce plan focal, $\omega = \dfrac{\pi}{2}$ et par suite :

$$\cos(2n+1)\,\omega = 0$$
$$\cos 2n\omega = (-1)^n$$

Donc :

$$\xi = \sum A_{2n}\,(-1)^n\,J_{2n}\,(\alpha\rho).$$

Pour achever le calcul nous allons nous servir de l'expression de $J_{2n}\,(\alpha\rho)$, sous forme d'intégrale définie suivant les sinus et cosinus des multiples de φ. On sait que :

$$e^{\sqrt{-1}\,\alpha\rho\sin\varphi} = J_0 + 2\sqrt{-1}\,J_1\sin\varphi + 2J_2\cos 2\varphi + 2\sqrt{-1}\,J_3\sin 3\varphi$$
$$= J_0 + 2\sum J_{2n}\cos 2n\varphi + 2\sqrt{-1}\sum J_{2n+1}\sin(2n+1)\varphi$$

En développant $e^{\sqrt{-1}\,\alpha\rho\sin\varphi}$ par la formule de Fourier et comparant, il vient :

$$2\pi J_0 = \int_0^{2\pi} e^{\sqrt{-1}\,\alpha\rho\sin\varphi}\,d\varphi$$
$$2\pi J_{2n} = \int_0^{2\pi} e^{\sqrt{-1}\,\alpha\rho\sin\varphi}\,\cos 2n\varphi\,d\varphi$$

Substituons ces valeurs dans l'expression de ξ :

$$2\pi\xi = \int_0^{2\pi} e^{\sqrt{-1}\,\alpha\rho\sin\varphi}\sum A_{2n}\,(-1)^n\,\cos 2n\varphi\,d\varphi$$

Comme l'intégrale est définie et que les limites sont des

constantes numériques nous pouvons changer φ en ω et écrire :

$$2\pi\xi = \int_0^{2\pi} e^{\sqrt{-1}\,a\rho\sin\omega} \sum A_{2n}\,(-1)^n \cos 2n\omega\, d\omega$$

$$= \int_0^{2\pi} \mathrm{B}e^{\sqrt{-1}\,a\rho\sin\omega}\, d\omega.$$

B et $\sin \omega$ ne changent pas quand on remplace ω par $\pi - \omega$, donc :

$$2\pi\xi = 2\int_{-\frac{\pi}{2}}^{+\frac{\pi}{2}} \mathrm{B}e^{\sqrt{-1}\,a\rho\sin\omega}\, d\omega \qquad (3)$$

Or, nous avons trouvé :

$$\text{Pour } o < \omega < \beta \qquad \mathrm{B} = \cos pt$$
$$\pi - \beta < \omega < \pi \qquad \mathrm{B} = o$$

Par conséquent, dans le plan focal, ξ s'exprime donc par l'intégrale :

$$\pi\xi = \int_{-\beta}^{+\beta} \cos pt\, e^{\sqrt{-1}\,a\rho\sin\omega}\, d\omega$$

analogue aux intégrales de Fresnel.

Il est à remarquer que la même méthode est applicable sans aucun changement si l'intensité du faisceau convergent au lieu d'être indépendante de ω dans toute l'étendue de ce faisceau et nulle à l'extérieur du faisceau comme nous l'avons supposé, variait suivant une loi tout à fait quelconque. La formule (3) serait encore vraie.

127. Ondes sphériques. — Soit une onde sphérique qui de convergente devient divergente.

Prenons le foyer comme origine des coordonnées polaires définies par :

$$x = r \sin \theta \cos \omega$$
$$y = r \sin \theta \sin \omega$$
$$z = r \cos \theta.$$

Nous voulons trouver une fonction ξ de r, θ, ω qui vérifie l'équation :

$$(1) \qquad \Delta\xi + \alpha^2\xi = o$$

A cet effet il est nécessaire de donner la définition des fonctions sphériques et quelques-unes de leurs propriétés.

On appelle fonction sphérique d'ordre n une fonction X_n de θ et de ω, qui multipliée par r^n donne un polynôme P_n homogène de degré n en x, y, z et satisfaisant à l'équation

$$\Delta P_n = o$$

Une fonction quelconque ξ de (r, θ, ω) peut se mettre sous la forme :

$$\xi = \sum F_n X_n$$

F_n dépendant seulement de r.

Écrivons que ξ vérifie l'équation (1) :

$$\frac{d^2\xi}{dx^2} = \sum \frac{d^2(F_n X_n)}{dx^2} = \sum X_n \frac{d^2 F_n}{dx^2} + 2 \sum \frac{dX_n}{dx}\frac{dF_n}{dx} + \sum F_n \frac{d^2 X_n}{dx^2}$$

$$\Delta\xi = \sum X_n \Delta F_n + 2\sum\left(\frac{dX_n}{dx}\frac{dF_n}{dx} + \frac{dX_n}{dy}\frac{dF_n}{dy} + \frac{dX_n}{dz}\frac{dF_n}{dz}\right) + \sum F_n \Delta X_n.$$

Le second terme est nul, en effet :

$$\frac{dF_n}{dx} = \frac{x}{r}\frac{dF_n}{dr}, \text{ etc.}$$

$$\frac{dX_n}{dx}\frac{dF_n}{dx} + \frac{dX_n}{dy}\frac{dF_n}{dy} + \frac{dX_n}{dz}\frac{dF_n}{dz} = \frac{1}{r}\frac{dF}{dr}\left[x\frac{dX_n}{dx} + y\frac{dX_n}{dy} + z\frac{dX_n}{dz}\right]$$

Mais d'après le théorème des fonctions homogènes le facteur entre [   ] est nul : car X_n est une fonction homogène de degré o de (x, y, z), puisque θ et ω sont de degré o en $(x\ y\ z)$ et que X_n ne dépend pas de r.

Donc :

$$\Delta\xi = \sum X_n \Delta F_n + \sum F_n \Delta X_n.$$

D'après la définition des fonctions sphériques :

$$(2) \qquad o = \Delta P_n = \Delta r^n X_n = X_n \Delta r^n + r^n \Delta X_n.$$

Si F_n ne dépend que de r :

$$\Delta F_n = \frac{d^2 F_n}{dr^2} + \frac{2}{r}\frac{dF_n}{dr}.$$

Appliquons cette formule à r^n :

$$\Delta r_n = n\,(n-1)\,r^{n-2} + 2nr^{n-2} = n\,(n+1)\,r^{n-2}.$$

Remplaçons Δr^n par sa valeur dans (2) :

$$o = X_n n\,(n+1)\,r^{n-2} + r^n \Delta X_n$$

$$(3) \qquad \frac{\Delta X_n}{X_n} = -\frac{n\,(n+1)}{r^2}.$$

Tirons de cette équation la valeur de ΔX_n et portons-la dans $\Delta\xi$, il vient :

$$(4) \qquad \Delta\xi = \sum X_n \left(\Delta F_n - \frac{n\,(n+1)}{r^2} F_n \right).$$

L'équation (1) peut alors se mettre sous la forme :

$$(5) \quad \sum X_n \left[\frac{d^2 F_n}{dr^2} + \frac{2}{r}\frac{dF}{dr} + F_n \left(\alpha^2 - \frac{n\,(n+1)}{r^2} \right) \right] = o.$$

Le premier membre doit être nul identiquement, ce qui exige que le terme général soit nul. La fonction F_n doit donc vérifier l'équation différentielle :

$$(6) \quad \frac{d^2 F_n}{dr^2} + \frac{2}{r}\frac{dF_n}{dr} + F_n\left(\alpha^2 - \frac{n(n+1)}{r^2}\right) = 0.$$

La seule solution de cette équation qui reste finie pour $r = 0$ est un polynôme entier en $\cos \alpha r$, $\sin \alpha r$, et $\frac{1}{r}$.

Posons :

$$U_n = \frac{D^n (u^2 - 1)^n}{2^n n}$$

$$R_n = \int_{-1}^{+1} e^{\sqrt{-1}\,\alpha r u}\, U_n \left(\sqrt{-1}\right)^n du.$$

Cette expression est une fonction de r; c'est un polynôme entier en $e^{\sqrt{-1}\,\alpha r}$, $e^{-\sqrt{-1}\,\alpha r}$ et $\frac{1}{r}$, par suite en $\cos \alpha r$, $\sin \alpha r$ et $\frac{1}{r}$, c'est la solution cherchée.

On vérifie d'ailleurs aisément que l'on a :

$$R_n = \sqrt{\frac{\pi}{2\alpha r}}\, J_{n+\frac{1}{2}}(\alpha\rho).$$

Donc

$$F_n = A_n\, R_n,$$

A_n ne dépendant que du temps et

$$\xi = \sum A_n\, R_n\, X_n,$$

Les fonctions sphériques contiennent, comme cas particuliers, les polynômes de Legendre.

$$X_n(\theta) = \frac{D^n}{(d\cos\theta)^n}\,\frac{(\cos^2\theta - 1)^n}{2^n n!}.$$

Pour déterminer A_n, on pourrait procéder comme dans le cas précédent.

Lorsque r est très grand, le premier terme de R_n, contenant $\frac{1}{r}$, est seul sensible et la valeur asymptotique de R_n s'exprime par :

$$R_n = \pm \frac{\sin ar}{r} \quad \text{pour } n \text{ pair};$$

$$R_n = \pm \frac{\cos ar}{r} \quad \text{pour } n \text{ impair.}$$

Pour r très grand nous aurons donc :

$$r\xi = \sum A_{2n} (-1)^n \sin ar \, X_{2n} + \sum A_{2n+1} (-1)^n \cos ar \, X_{2n+1},$$

ce que je puis écrire :

$$r\xi = B \sin ar + C \cos ar$$

avec

$$B = \sum A_{2n} (-1)^n X_{2n}; \qquad C = \sum A_{2n+1} (-1)^n X_{2n+1}.$$

Mais en un point très éloigné du foyer nous pouvons regarder la lumière observée comme constituée par la superposition d'un faisceau convergent et d'un faisceau divergent.

Soit alors :

$$r\xi = f_1 (\omega, 0) \cos (ar + pt)$$

l'équation du faisceau convergent. La fonction $f_1 (\omega, 0)$ peut être regardée comme une des données de la question. Soit :

$$r\xi = f_2 (\omega, 0) \cos (ar - pt),$$

celle du faisceau divergent. Nous devons avoir :

$$B \sin xr + C \cos xr = f_1 \cos (xr + pt) + f_2 \cos (xr - pt),$$

ou en identifiant :

$$B = (f_2 - f_1) \sin pt$$
$$C = (f_2 + f_1) \cos pt.$$

Quand on passe d'une direction à la direction diamétralement opposée, c'est-à-dire quand on change ω en $\omega + \pi$, et θ en $\pi - \theta$, B qui ne contient que des fonctions sphériques d'ordre pair ne changera pas, et C qui ne contient que des fonctions sphériques d'ordre impair changera de signe. On peut en conclure que :

$$f_2 (\omega, \theta) = - f_1 (\omega + \pi, \pi - \theta).$$

On remarquera le changement de signe impliqué par cette formule; c'est une confirmation des résultats des § 107 et suivants.

Connaissant f_2 et f_1, on en déduira sans peine B et C et par conséquent les coefficients A_n. La connaissance de ces coefficients permettrait d'étudier les phénomènes d'interférence au voisinage du foyer. On n'arriverait pas toutefois à une formule relativement simple et élégante, comme celle que nous avons obtenue dans le cas des ondes cylindriques.

128. Polarisation par diffraction. — On a attribué à cette question de la polarisation par diffraction une très grande importance, on espérait arriver par l'étude de ces phénomènes à décider entre la théorie de Fresnel et la théorie de Neumann, c'est-à-dire à décider si le plan de polarisation est perpendiculaire ou parallèle à la direction de la vibration.

Par une application inexacte du principe de Huyghens, on avait obtenu des résultats qui ne furent pas confirmés par l'expérience, et les espérances qu'on avait conçues ne se justifièrent point.

Voici à peu près comment on raisonnait pour appliquer le principe de Huyghens.

Supposons un écran plan : prenons le plan de cet écran

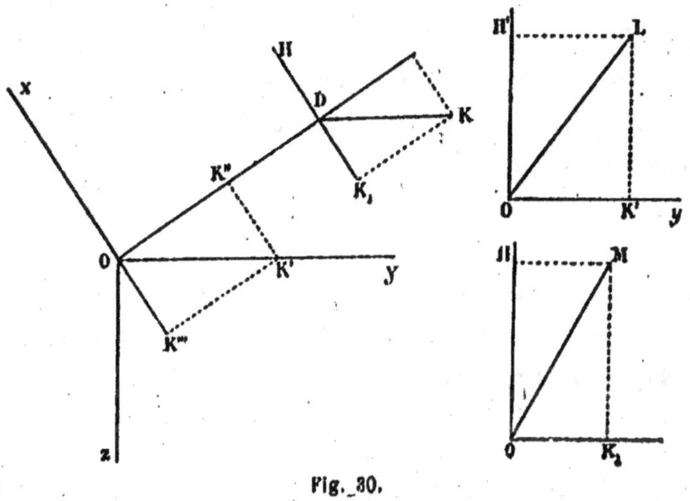

Fig. 30.

comme plan des xy : soient dans cet écran une ou plusieurs fentes parallèles à l'axe des x, et indéfinies (c'est le cas d'un réseau). Sur cet écran tombe une onde plane parallèle au plan des xy, c'est-à-dire un faisceau de rayons parallèles à Oz. Soit Oz un de ces rayons : par suite de la diffraction nous aurons de l'autre côté de l'écran des rayons déviés dans différentes directions, mais tous parallèles au plan des yz. Nous appellerons ce plan des yz plan de diffraction (*fig.* 30).

Considérons un de ces rayons diffractés OD. Deux cas sont à distinguer :

1° Supposons la vibration incidente parallèle à Ox, c'est-à-dire perpendiculaire au plan de diffraction par raison de symétrie ; sur le rayon diffracté, la vibration en un point D sera encore parallèle à Ox, dirigée par exemple suivant DH, seulement l'amplitude sera différente, elle sera diminuée dans un certain rapport ;

2° Si la vibration incidente est parallèle à Oy, c'est-à-dire parallèle au plan de diffraction, on ne peut pas admettre qu'en D la vibration soit encore parallèle à Oy, puisqu'elle ne serait plus perpendiculaire au rayon OD.

Décomposons la vibration incidente OK′ en deux autres : l'une OK″ dirigée suivant le rayon OD, l'autre OK‴ perpendiculaire OD. La vibration OK″ étant longitudinale ne sera pas transmise par l'éther ; seule la seconde sera transmise et en D nous aurons une vibration telle que DK_1, perpendiculaire à OD dans le plan de diffraction. En appliquant les formules de Fresnel on trouve que :

$$\frac{DH}{OH} = \frac{DK}{OK'} = \frac{DK_1}{OK'''}.$$

Le triangle DKK est donc rectangle et semblable au triangle OK′K″.

Si la vibration OL n'est parallèle ni à Ox ni à Oy, on la décomposera en deux autres OH et OK′ respectivement dirigées suivant ces axes.

Au point D, OH donnera une vibration DH parallèle à Ox et OK′ une vibration DK_1 parallèle à Oy. La résultante de ces deux vibrations est DM, et il est facile de voir que :

$$\frac{DH}{OH'} = \frac{DK}{OK'} = \frac{DK_1}{OK''} = \frac{DK_1}{OK' \cos \theta}$$

ou

$$\frac{DK_1}{DH} = \frac{OK'}{OH'} \cos \theta,$$

en appelant θ l'angle xOD.

Donc

$$\frac{DK_1}{DH} < \frac{OK'}{OH'}$$

ou

$$\text{tg (HDM)} < \text{tg (H'OL)}.$$

L'angle de la vibration avec Ox diminue donc par le fait de la diffraction.

Si nous adoptons la théorie de Fresnel, le plan de polarisation est perpendiculaire à la vibration, la diffraction rapproche donc le plan de polarisation du plan de diffraction.

Dans la théorie de Neumann au contraire, le plan de polarisation étant parallèle à la vibration s'éloigne du plan de diffraction.

129. Cette opinion est encore assez répandue malgré les difficultés qu'ont rencontrées les expériences.

On admet que les théories de la réflexion et de la réfraction ne peuvent trancher la question, parce qu'elles nécessitent la connaissance des conditions aux limites, tandis que dans la diffraction il suffit d'appliquer le principe de Hughens, sans que les conditions aux limites interviennent.

Cette opinion partagée par Stokes et Holtzmann ne peut se soutenir, comme nous allons le voir.

Rappelons en effet quel est l'énoncé exact du principe de Huyghens.

ξ étant une fonction quelconque qui vérifie l'équation fondamentale

$$\frac{d^2\xi}{dt^2} = V^2 \Delta\xi,$$

et peut représenter une composante de la vibration :

$$\xi = \int \left(\frac{d\xi'}{dn} \varphi - \frac{d\varphi}{dn} \xi' \right) \frac{d\omega'}{4\pi},$$

d'après les notations que nous avons adoptées. Cette relation a été démontrée rigoureusement en s'appuyant seulement sur l'équation fondamentale.

Si nous employons le langage de la théorie électromagnétique, X, Y, Z seront les composantes de la force électrique, α, β, γ celles de la force magnétique, et ces six fonctions vérifient l'équation fondamentale. Le théorème s'applique donc à ces six fonctions :

$$X = \int \left(\frac{dX'}{dn} \varphi - \frac{d\varphi}{dn} X' \right) \frac{d\omega'}{4\pi}$$

$$\dots\dots\dots\dots\dots\dots\dots\dots \text{etc.}$$

$$\alpha = \int \left(\frac{d\alpha'}{dn} \varphi - \frac{d\varphi}{dn} \alpha' \right) \frac{d\omega'}{4\pi}$$

$$\dots\dots\dots\dots\dots\dots\dots\dots \text{etc.}$$

Pour faire usage de ces formules nous avons supposé que sur la surface S, dont une portion est occupée par l'écran, les valeurs de ξ et de $\frac{d\xi}{dn}$ sont celles que donne la théorie géométrique des ombres : mais ce n'est là qu'une approximation, puisqu'en réalité, au voisinage de l'écran, se produisent des franges très fines, qui dépendent des conditions aux limites (cf. § 101). Pour voir si cette approximation est toujours légitime, voyons quelles en sont les conséquences, et pour cela appliquons ces formules à la polarisation par diffraction.

Si d'abord le plan de polarisation est parallèle au plan de diffraction, c'est-à-dire perpendiculaire aux fentes du réseau, la force électrique est parallèle à Ox, et comme un plan perpendiculaire à Ox est un plan de symétrie de la figure :

$$Y = Z = 0,$$

la force électrique sera partout parallèle à Ox.

Si le plan de polarisation est perpendiculaire au plan de diffraction, la force magnétique parallèle au plan de polarisation sera parallèle à Ox dans les rayons incidents; par raison de symétrie, il en sera de même dans les rayons diffractés et

$$\beta = \gamma = 0.$$

Dans le premier cas on peut appliquer la formule à X, dans le second cas à α; en supposant que X', $\dfrac{dX'}{dn}$, α', $\dfrac{d\alpha'}{dn}$ ont même valeur que dans la théorie géométrique des ombres, ce qui nous donnera une valeur approchée de X et de α.

Dans le premier cas, la connaissance de X nous permettra de calculer facilement α, β et γ; de même dans le deuxième cas, connaissant α, nous pourrons calculer X, Y, Z par les relations :

$$K \frac{dX}{dt} = \frac{d\gamma}{dy} - \frac{d\beta}{dz}$$

$$K \frac{dY}{dt} = \frac{d\alpha}{dz} - \frac{d\gamma}{dx}$$

$$K \frac{dZ}{dt} = \frac{d\beta}{dx} - \frac{d\alpha}{dy}$$

qui ici se simplifient ; en effet par raison de symétrie $X = o$ et comme $\beta = \gamma = o$, il reste seulement.

$$(1) \qquad \begin{aligned} K \frac{dY}{dt} &= \frac{d\alpha}{dz} \\ K \frac{dZ}{dt} &= \frac{d\alpha}{dy} \end{aligned}$$

130. Mais il peut sembler tout aussi légitime d'appliquer les mêmes procédés de calcul à la force magnétique dans le premier cas, ou à la force électrique dans le deuxième cas. Il est aisé de voir qu'on arrivera ainsi à des résultats tout à fait différents.

Plaçons-nous en effet dans le deuxième cas et appliquons le principe de Huyghens à la force électrique, il viendra :

$$Y = \int \left(\frac{dY'}{dn} \varphi - \frac{d\nu}{dn} Y' \right) \frac{d\omega'}{4\pi}$$

$$Z = \int \left(\frac{dZ'}{dn} \varphi - \frac{d\varphi}{dn} Z' \right) \frac{d\omega'}{4\pi}.$$

Si l'on suppose que Z', $\dfrac{dZ'}{dn}$, Y' et $\dfrac{dY'}{dn}$ aient même valeur que dans la théorie géométrique des ombres, Z' et $\dfrac{dz'}{dn}$ devraient être nuls en tous les points de la surface S, et par conséquent Z devrait être nul dans tout l'espace.

Or ce résultat est incompatible avec les équations (1).

Z ne peut être nul, puisque α est fonction de y; d'ailleurs, s'il était nul, la condition de transversalité ne serait plus satisfaite.

On peut encore s'en rendre compte d'une manière un peu différente.

Dans le plan de l'écran, nous devons avoir comme partout :

$$\frac{d\mathrm{X}}{dx} + \frac{d\mathrm{Y}}{dy} + \frac{d\mathrm{Z}}{dz} = 0$$

ou comme $\mathrm{X} = 0$

$$\frac{d\mathrm{Y}}{dy} + \frac{d\mathrm{Z}}{dz} = 0.$$

Or $\dfrac{d\mathrm{Y}}{dy}$ n'est pas nul ; en effet, si $\dfrac{d\mathrm{Y}}{dy}$ était nul, on aurait $\mathrm{Y} = \mathrm{const}$, ce qui est impossible puisque Y est nul sur les parties non éclairées ; il faut donc aussi que $\dfrac{d\mathrm{Z}}{dz} \neq 0$.

131. Nous avons fait une hypothèse, à savoir que la théorie géométrique des ombres est applicable dans le plan de l'écran. D'après ce qui précède, cette hypothèse ne peut être légitime à la fois pour la force électrique et pour la force magnétique. Il n'y a aucune raison de supposer, comme on le fait d'ordinaire, qu'elle soit plus approchée pour l'un de ces deux vecteurs que pour l'autre, et encore bien moins que ce soit précisément pour celui des deux qui, dans la théorie élastique, représente en grandeur et direction la vibration des molécules d'éther.

Précédemment nous avions le droit de négliger les franges voisines de l'écran (cf. § 104) parce que ces franges étaient très fines vis-à-vis des franges situées à distance finie. Mais, quand il s'agit de la polarisation, deux cas peuvent se présenter : la déviation est très petite, ou elle a une valeur finie.

Si la déviation est très petite, l'approximation que nous avons faite est légitime, mais la rotation du plan de polarisation étant de l'ordre de $(1 - \cos \theta)$ est très petite du deuxième ordre ; si θ est très petit, du premier ordre. On ne peut donc rien observer. Mais, au contraire, si la déviation est très grande, c'est qu'on a employé des réseaux à fentes extrêmement fines ; les franges anormales, voisines de l'écran, occupent alors une portion notable de la fente, et l'approximation n'est plus suffisante.

Les phénomènes étudiés par Stokes dépendent donc des conditions aux limites, tout comme les phénomènes de réflexion et de réfraction et pas plus qu'eux ne permettent de décider entre les théories de Fresnel et de Neumann.

182. Résultats des expériences. -- Les expériences avec les réseaux présentent quelques difficultés ; les réseaux étant tracés sur verre, il y a à la fois réfraction et diffraction, et chacun de ces phénomènes fait tourner le plan de polarisation. Il y a lieu de se demander quel est celui qui précède l'autre.

Stokes a trouvé qu'aucune des deux formules ne représentait bien les expériences ; il a néanmoins conclu en faveur de la théorie de Fresnel. Holtzmann arrive au résultat opposé.

M. Eisenlohr a supposé que l'éther transmet les vibrations

longitudinales, mais en les atténuant. Les formules s'accordent mieux avec les expériences, ce qui tient probablement à ce qu'elles renferment un paramètre de plus.

Enfin Quincke a trouvé des résultats très divergents, dépendant de la nature du réseau.

M. Gouy a réalisé des expériences, où il fait usage d'une méthode toute différente. L'écran est constitué par un biseau extrêmement aigu, tel que le tranchant d'un rasoir (*fig.* 31);

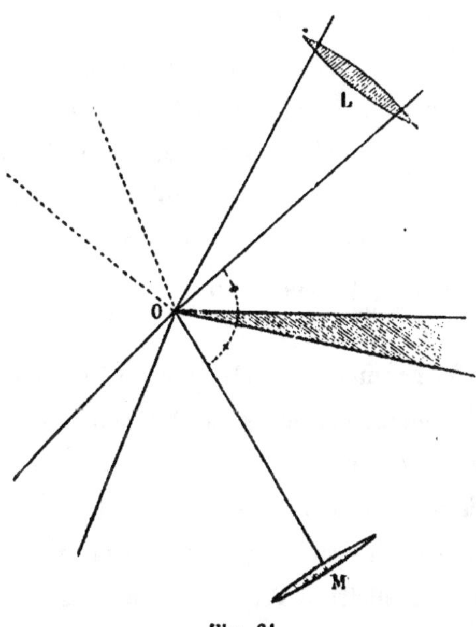

Fig. 31.

à l'aide d'une lentille convergente L, il concentre un faisceau de rayons lumineux, sur le bord même de l'écran. Une partie de ce faisceau est transmise directement, une autre est réfléchie sur le bord de l'écran et, enfin le reste est diffracté.

M. Gouy observe cette lumière diffractée, à l'aide d'un

microscope M à long foyer, qui est mis au point sur le bord de l'écran et peut tourner autour d'un axe coïncidant avec le bord de l'écran. Il a pu ainsi observer des déviations atteignant 160 degrés. Le maximum de lumière s'observe dans une direction faisant avec la seconde face du biseau un angle égal à l'angle du rayon incident avec la première face. Si nous appelons avec M. Gouy intérieure, la portion du faisceau comprise entre le faisceau transmis et la seconde face de l'écran, et extérieure, l'autre portion, nous trouverons que du côté intérieur la lumière diffractée est polarisée parallèlement au bord de l'écran, perpendiculairement au plan de diffraction ; du côté extérieur, au contraire, elle est polarisée perpendiculairement au bord de l'écran, parallèlement au plan de diffraction. La théorie de Stokes est impuissante à expliquer ces phénomènes. J'ai cherché s'il en serait de même d'une théorie plus complète.

183. L'expérience montre que les phénomèness ont d'autant plus nets que le métal de l'écran est plus réfléchissant ou autrement dit se rapproche le plus d'être un conducteur parfait. Je me suis alors placé dans le cas limite où cet écran serait un conducteur parfait. Dans ces conditions la force électrique doit être perpendiculaire à l'écran. Supposons que la force électrique dans le rayon incident soit parallèle au bord de l'écran, c'est-à-dire que ce rayon soit polarisé dans le plan de diffraction ; par raison de symétrie, il en sera encore de même pour les rayons réfléchis et diffractés. La composante tangentielle de la force électrique doit être nulle sur la surface du conducteur. Ce conducteur a la forme d'un cylindre dont les génératrices sont perpendiculaires au plan de la figure. Donc la force électrique n'a pas de composante normale, et si la composante tangentielle est nulle, la force totale sera nulle aussi. La force électrique décroît donc quand on se rapproche de l'écran, ainsi que l'intensité de la lumière diffractée.

Supposons que la force magnétique α soit parallèle au bord de l'écran, la condition aux limites est que sur le bord de l'écran

$$\frac{d\alpha}{dn} = 0,$$

puisque la composante tangentielle de la force électrique est dans ce cas proportionnelle à $\frac{d\alpha}{dn}$. La lumière ne s'éteindra plus quand on se rapprochera des faces du biseau. La lumière polarisée parallèlement au bord de l'écran ne tend pas vers o. Ces considérations font comprendre comment, si la lumière incidente est naturelle, la lumière diffractée du côté intérieur est polarisée parallèlement au bord de l'écran.

184. J'ai effectué le calcul en supposant que le bord de l'écran était un tranchant géométrique ; que l'angle du biseau était nul, que la lumière incidente était concentrée par une lentille cylindrique et que l'angle du faisceau était nul.

Dans le cas où les rayons incidents et diffractés sont également inclinés sur les faces du biseau, δ étant la déviation comptée positivement vers l'intérieur, j'ai trouvé pour l'amplitude :

$$1 - \frac{1}{\sin\frac{1}{2}\delta}$$

quand le plan de polarisation est parallèle au plan de diffraction, et

$$1 + \frac{1}{\sin \frac{1}{2}\delta}$$

si ces deux plans sont perpendiculaires.

Pour $\delta = \pi$ la première composante est nulle. Quand on change δ en $- \delta$, les composantes s'échangent ; ce qui est conforme à l'observation.

Cependant il y a une difficulté : la première composante devient infinie pour $\delta = $ o. Cela tient sans doute à ce que le faisceau incident n'est pas, comme je l'ai supposé, limité par une surface géométrique.

Enfin M. Gouy a observé que la lumière diffractée avait une intensité maximum quand les angles des rayons incidents et diffractés avec les faces du biseau étaient égaux. La formule complète donne au contraire un minimum. Cela tient probablement à ce que le bord de l'écran est arrondi et qu'il faut faire intervenir non pas les angles, mais la longueur de l'arc compris entre les points de contact des deux rayons ; le maximum de lumière devant sans doute correspondre au minimum de cette longueur.

135. Il n'y a pas lieu, du reste, d'insister davantage sur cette comparaison entre la théorie et l'expérience ; car je n'ai pu faire le calcul qu'en me supposant placé dans des conditions très simples et, par conséquent, très éloignées de la réalité.

Mais il y a un point qui mérite d'attirer l'attention. La polarisation par diffraction est dans les expériences qui nous occupent beaucoup plus intense que la polarisation par réflexion. La théorie qui précède, quelque grossière qu'elle soit, nous permet de nous rendre compte de ce fait.

En effet, supposons-nous placés dans le cas limite d'une surface métallique parfaitement conductrice, et supposons de plus que la force électrique soit dans l'onde incidente perpendiculaire au plan de réflexion. A la surface du métal, la force électrique totale, qui est la somme algébrique de la force électrique incidente et de la force électrique réfléchie, devra être nulle. La force réfléchie sera donc égale en grandeur à la force incidente, et l'intensité de la lumière réfléchie sera égale à celle de la lumière incidente.

Mais dans le problème qui nous occupe les conditions sont très différentes, et ce qui intervient, ce n'est pas la force électrique réfléchie, mais la force électrique totale, laquelle est nulle. L'une des composantes disparaissant à peu près complètement, la polarisation est très intense.

En d'autres termes, il se produit entre le rayon incident et le rayon réfléchi une véritable interférence ; de telle sorte que, les deux rayons interférents étant presque naturels, le rayon résultant soit au contraire fortement polarisé.

C'est à cette explication, d'ailleurs, que M. Fizeau avait eu recours pour expliquer des phénomènes très curieux qu'il a décrits dans le tome LII des *Comptes rendus* et qui présentent, malgré leur plus grande complexité, une évidente parenté avec ceux qu'a découverts M. Gouy.

Une dernière remarque : j'ai employé le langage de la théorie électro-magnétique parce qu'il m'a paru plus commode. Mais il ne faudrait pas en conclure que les expériences de M. Gouy condamnent la théorie élastique, et confirment celle de Maxwell. Les deux théories conduisent aux mêmes équations. Tout ce que l'une explique, l'autre l'explique également. L'hypothèse sur laquelle reposait la théorie du § 128 est seule condamnée par ces expériences.

CHAPITRE X

THÉORIE DE LA DISPERSION DE HELMHOLTZ

186. Dans tout ce qui précède, nous avons admis implicitement que le milieu étudié était homogène, et nous avons écrit nos équations comme si la vitesse de propagation V était indépendante de la longueur d'onde λ. Ceci est vrai, si la propagation s'effectue dans le vide, mais n'est plus exact si la propagation s'effectue dans un milieu réfringent. En se bornant au spectre visible, l'indice de réfraction n, ou rapport de la vitesse dans le vide à la vitesse dans le milieu, peut se représenter assez exactement par l'expression :

$$n = A + \frac{B}{\lambda^2},$$

A et B étant des constantes.

En ajoutant un terme $\frac{C}{\lambda^4}$

$$n = A + \frac{B}{\lambda^2} + \frac{C}{\lambda^4}$$

cette formule représente encore assez bien la variation de l'indice dans le spectre ultra-violet.

Mais pour le spectre infra-rouge aucune de ces formules ne suffit.

Briot avait été conduit par des prévisions théoriques à penser que l'expression de n devait contenir un terme en λ^2, $f\lambda^2$, mais, les expériences sur le spectre visible n'ayant pas mis l'existence de ce terme en évidence, il fut amené à rejeter les vues théoriques qui avaient été son point de départ. Au contraire, pour bien représenter les phénomènes dans le spectre infra-rouge, il est nécessaire d'introduire ce terme.

La théorie doit encore rendre compte d'un autre phénomène : quand un rayon lumineux traverse un milieu, il s'affaiblit en général et l'expérience montre que cet affaiblissement dépend de la longueur d'onde λ. Le spectre est parsemé de bandes ou de lignes obscures, souvent fort étroites qui occupent la place des radiations les plus affaiblies.

Enfin il faut expliquer les phénomènes de dispersion anormale qui consistent en ce qui suit :

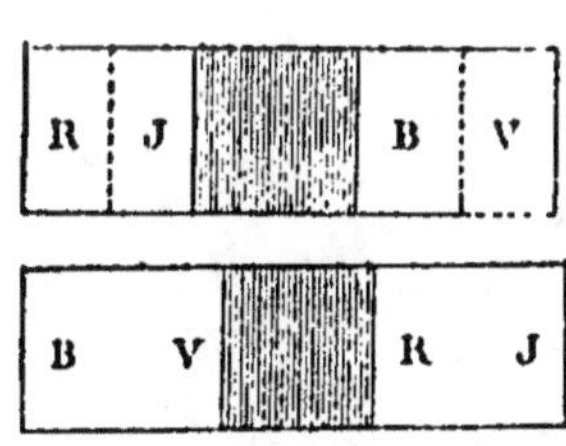

Fig. 32.

Si un faisceau de lumière blanche traverse un prisme creux, formé par des lames de verre à faces parallèles et contenant une dissolution de fuchsine, les rayons verts sont absorbés et remplacés dans le spectre par une bande obscure. Si la dispersion était normale en se déplaçant dans un certain sens d'une extrémité à l'autre du spectre, on trouverait le rouge, le jaune, la bande noire, le bleu et le violet (*fig.* 32). Au lieu de cela, on trouve le bleu, le violet, la bande noire, le rouge et le jaune. L'indice de réfraction ne croît donc pas constamment avec $\frac{1}{\lambda}$: il croît du rouge au jaune, puis décroît et enfin croît du bleu au violet : la courbe qui représente n en fonction de λ présente un maximum et un minimum.

Cette disposition anomale qui a été observée aussi sur d'autres corps paraît intimement liée à l'absorption.

137. Hypothèses de Helmholtz. — Helmholtz, remarquant qu'il n'y a pas de dispersion dans le vide, attribue ces phénomènes à l'action des molécules matérielles sur les molécules d'éther ; il cherche à tenir compte dans les équations du mouvement, de cette action en même temps que des actions mutuelles des molécules d'éther.

Soient ρ la densité de l'éther, $d\tau$ un élément de volume de cet éther : ξ, η, ζ les composantes du déplacement, (X, Y, Z) les projections sur les axes de la résultante de toutes les forces qui agissent sur l'élément $d\tau$ (rapportées à l'unité de volume). Les équations du mouvement seront :

$$(1) \quad \left\{ \begin{array}{l} \rho\, \dfrac{d^2\xi}{dt^2} = X \\[2mm] \rho\, \dfrac{d^2\eta}{dt^2} = Y \\[2mm] \rho\, \dfrac{d^2\zeta}{dt^2} = Z \end{array} \right.$$

Les forces qui agissent sur la molécule d'éther sont de deux sortes : 1° les forces qui proviennent des autres molécules d'éther : soit X_1 la projection de leur résultante sur l'axe des x ; 2° les forces provenant des molécules matérielles :

soit X_2 la projection de leur résultante. Nous aurons :

$$X = X_1 + X_2.$$

X_1 se calculera comme dans le cas d'un milieu non dispersif (§ 12).

$$X_1 = \mu \left(\Delta \xi - \frac{d\theta}{dx} \right).$$

Pour trouver X_2, considérons une molécule matérielle de coordonnées (x_1, y_1, z_1) et une molécule d'éther (x, y, z) ; après le déplacement ces coordonnées deviennent :

$$x_1 + \xi_1, y_1 + \eta_1, z_1 + \zeta_1 \qquad \text{et} \qquad x + \xi, y + \eta, z + \zeta.$$

L'attraction entre ces deux molécules étant supposée proportionnelle à une certaine fonction de leur distance r, $f(r)$, sa projection sur l'axe des x sera :

$$A = f(r) \frac{x - x_1}{r} = \varphi \left[(x - x_1), (y - y_1), (z - z_1) \right],$$

puisque r est une fonction des différences $(x - x_1)$, etc.

Quand les molécules se sont déplacées, la distance r et la force A auront varié, et

$$\delta A = \frac{d\varphi}{dx} (\xi - \xi_1) + \frac{d\varphi}{dy} (\eta - \eta_1) + \frac{d\varphi}{dz} (\zeta - \zeta_1).$$

D'où

$$X_2 = \Sigma (A + \delta A) = \Sigma A + \Sigma \delta A.$$

Dans l'état d'équilibre, toutes les forces doivent avoir une résultante nulle : donc $\Sigma A = 0$. Il reste :

$$X_2 = \Sigma \delta A.$$

Ceci montre que X_2 doit être une fonction linéaire des différences $\xi - \xi_1 \ldots$, etc.

$$X_2 = a\,(\xi - \xi_1) + b\,(\eta - \eta_1) + c\,(\zeta - \zeta_1).$$

Si nous supposons pour le moment le milieu isotrope, rien ne distingue une direction de l'autre, X_2 ne doit pas changer quand on change de signe à la fois η et η_1, ou ζ et ζ_1 : donc, $b = c = 0$, et :

$$X_2 = a\,(\xi - \xi_1) \; ;$$

de même

$$Y_2 = a'\,(\eta - \eta_1)$$
$$Z_2 = a''\,(\zeta - \zeta_1).$$

Comme rien ne distingue non plus les axes de coordonnées l'un de l'autre,

$$a = a' = a''.$$

Helmholtz pose

$$(2) \qquad \left\{ \begin{aligned} X_2 &= - P_1\,(\xi - \xi_1) \\ Y_2 &= - P_1\,(\eta - \eta_1) \\ Z_2 &= - P_1\,(\zeta - \zeta_1) \end{aligned} \right.$$

et les équations du mouvement des molécules d'éther prennent la forme

$$(3) \qquad \left\{ \begin{aligned} \rho\,\frac{d^2\xi}{dt^2} &= \mu\left(\Delta\xi - \frac{d\theta}{dx}\right) - P_1\,(\xi - \xi_1) \\ \rho\,\frac{d^2\eta}{dt^2} &= \mu\left(\Delta\eta - \frac{d\theta}{dy}\right) - P_1\,(\eta - \eta_1) \\ \rho\,\frac{d^2\zeta}{dt^2} &= \mu\left(\Delta\zeta - \frac{d\theta}{dz}\right) - P_1\,(\zeta - \zeta_1). \end{aligned} \right.$$

Il introduit de cette façon trois nouvelles inconnues, ξ_1, η_1, ζ_1 ; il faut trouver, pour les déterminer, trois autres équations, ce seront celles qui représentent le mouvement des molécules matérielles.

Soit ρ_1 la densité de la matière :

$$\rho_1 \frac{d^2\xi_1}{dt^2} = X'$$

X' se compose de deux termes : un terme provenant de l'action des molécules d'éther sur les molécules matérielles. En vertu du principe de l'action et de la réaction, ce terme est égal à X_2 et un autre terme X_3 représentant les actions des molécules matérielles l'une sur l'autre.

$$X' = - X_2 + X_3.$$

Helmholtz fait le calcul comme si, parmi les molécules matérielles, les unes participaient au mouvement de l'éther, et les autres restaient sensiblement immobiles. Les premières agiraient seules sur l'éther, on ne voit pas bien pourquoi. Les molécules immobiles, au contraire, exerceraient deux sortes d'action :

1° Une espèce d'attraction sur les molécules mobiles, tendant à les ramener dans leur position d'équilibre. Cette action est analogue à celle des molécules matérielles sur les molécules d'éther que nous avons étudiée tout à l'heure. Nous avons trouvé comme expression de cette dernière $X_2 = - P_1 (\xi - \xi_1)$.

Par les mêmes considérations nous trouverions ici des expressions de la forme $- H_1 \xi_1 - H_1 \eta_1 - H_1 \zeta_1$ puisque le déplacement de l'une des molécules est nul.

2° Les molécules immobiles exerceraient sur les molécules mobiles une sorte de frottement proportionnel à leur vitesse,

$- R_1 \dfrac{d\xi_1}{dt}$, etc. Donc

$$X_3 = - H_1 \xi_1 - R_1 \dfrac{d\xi_1}{dt}.$$

Les équations deviennent

$$(4) \quad \begin{cases} \rho_1 \dfrac{d^2 \xi_1}{dt^2} = P_1 (\xi - \xi_1) - H_1 \xi_1 - R_1 \dfrac{d\xi_1}{dt} \\[2mm] \rho_1 \dfrac{d^2 \eta_1}{dt^2} = P_1 (\eta - \eta_1) - H_1 \eta_1 - R_1 \dfrac{d\eta_1}{dt} \\[2mm] \rho_1 \dfrac{d^2 \zeta_1}{dt^2} = P_1 (\zeta - \zeta_1) - H_1 \zeta_1 - R_1 \dfrac{d\zeta_1}{dt}. \end{cases}$$

Les systèmes (3) et (4) forment ainsi six équations qui défi-nissent ξ, η, ζ, ξ_1, η_1, ζ_1. Ce que nous désignons par ρ_1, c'est donc non pas la densité de la matière totale, mais celle de la matière *mobile* seulement.

Le mouvement sera-t-il encore transversal ? Pour qu'il en soit ainsi, nous savons qu'il faut que

$$0 = \theta = \dfrac{d\xi}{dx} + \dfrac{d\eta}{dy} + \dfrac{d\zeta}{dz}$$

$$0 = \theta_1 = \dfrac{d\xi_1}{dx} + \dfrac{d\eta_1}{dy} + \dfrac{d\zeta_1}{dz}.$$

Différencions la première des équations (3) par rapport à x, la deuxième par rapport à y, la troisième par rapport à z, ajoutons et opérons de même sur le système (4) nous trouve-rons :

$$(5) \quad \begin{cases} \rho \dfrac{d^2 \theta}{dt^2} = \mu (\Delta\theta - \Delta\theta) + P_1 (\theta_1 - \theta) = P_1 (\theta_1 - \theta) \\[2mm] \rho \dfrac{d^2 \theta_1}{dt^2} = P_1 (\theta_1 - \theta) - H_1 \theta_1 - R_1 \dfrac{d\theta_1}{dt}. \end{cases}$$

Ces relations montrent que, si à l'origine des temps

$$\theta, \qquad \theta_1, \qquad \frac{d\theta}{dt}, \qquad \frac{d\theta_1}{dt}$$

sont nuls, il en est de même de toutes leurs dérivées par rapport au temps : donc θ et θ_1 sont identiquement nuls.

Par conséquent, si on part du repos, θ et θ_1 sont toujours nuls.

Il en sera encore de même si le mouvement est périodique.

Posons en effet :

$$\theta = A e^{\sqrt{-1}\,pt}$$
$$\theta_1 = A_1 e^{\sqrt{-1}\,pt},$$

A et A_1 ne dépendant que de (x, y, z).

Nous avons vu déjà que, si la partie réelle de cette expression satisfait à des équations de la forme des équations (3) et (4), l'expression entière y satisfait également.

Nous aurons :

$$\frac{d^2\theta}{dt^2} = -p^2\theta$$
$$\frac{d^2\theta_1}{dt^2} = -p^2\theta_1$$
$$\frac{d\theta_1}{dt} = \sqrt{-1}\,p\theta_1.$$

Substituons dans les équations (5)

$$-\rho p^2\theta = P_1\,(\theta_1 - \theta)$$
$$-\rho_1 p_2\theta_1 = P_1\,(\theta - \theta_1) - H_1\theta_1 - R_1\,\sqrt{-1}\,p\theta_1.$$

Dans la seconde équation le coefficient de $\sqrt{-1}$ devant être nul, $\theta_1 = 0$; la première donne alors $\theta = 0$.

Par conséquent, si le mouvement est périodique, il est transversal.

138. Cas particulier des ondes planes. — Supposons en particulier que :

$$\xi = f(z, t)$$
$$\eta = \zeta = 0$$
$$\xi_1 = f(z, t)$$
$$\eta_1 = \zeta_1 = 0,$$

c'est-à-dire que le déplacement soit parallèle à Ox et ne dépende que de z et de t, nous aurons une onde plane parallèle au plan des xy. Le mouvement étant transversal $\theta = \theta_1 = 0$, ce qui se réduit ici à :

$$\frac{d\xi}{dx} = 0 \qquad \frac{d\xi_1}{dx} = 0.$$

Les deux dernières équations de chacun des systèmes (3) et (4) sont satisfaites d'elles-mêmes, il reste seulement :

$$(6) \quad \begin{cases} \rho \dfrac{d^2\xi}{dt^2} = \mu \dfrac{d^2\xi}{dz^2} + \mathrm{P}_1 (\xi_1 - \xi) \\[2mm] \rho_1 \dfrac{d^2\xi_1}{dt^2} = \mathrm{P}_1 (\xi - \xi_1) - \mathrm{H}_1\xi_1 - \mathrm{R}_1 \dfrac{d\xi_1}{dt} \end{cases}$$

système de deux équations à deux inconnues.

Nous allons en particulier étudier les ondes planes périodiques ; nous chercherons donc à vérifier ces équations en posant :

$$\xi = \mathrm{A}e^{\sqrt{-1}(xz - pt)}$$
$$\xi_1 = \mathrm{A}_1 e^{\sqrt{-1}(xz - pt)}.$$

Alors

$$\frac{d\xi_1}{dt} = -\sqrt{-1}\,p\xi_1 \qquad \frac{d^2\xi}{dt^2} = -p^2\xi$$

$$\frac{d^2\xi}{dt^2} = -p^2\xi_1 \qquad \frac{d^2\xi}{dz^2} = -\alpha^2\xi$$

Substituons dans les équations (6)

$$-\rho p^2\xi = -\mu\alpha^2\xi + P_1\,(\xi_1 - \xi)$$
$$-\rho_1 p^2\xi_1 = P_1\,(\xi - \xi_1) - H_1\xi_1 + R_1\sqrt{-1}\,p\xi_1$$

ou :

$$(-\rho p^2 + \mu\alpha^2 + P_1)\,\xi = P_1\xi_1$$
$$(-\rho_1 p^2 + P_1 + H_1 - \sqrt{-1}\,pR_1)\,\xi_1 = P_1\xi.$$

Posons pour abréger

$$\rho_1 p^2 - P_1 - H_1 + \sqrt{-1}\,pR_1 = h.$$

La seconde équation devient

$$-h\xi_1 = P_1\xi.$$

Multiplions les deux équations en croix, ξ et ξ_1 s'éliminent il reste :

$$(7) \qquad \rho p^2 - \mu\alpha^2 - P_1 = \frac{P_1^2}{h}$$

α sera en général une quantité complexe. Posons

$$\alpha = \alpha' + \sqrt{-1}\,k$$
$$\xi = Ae^{-kz + \sqrt{-1}\,\alpha'z - \sqrt{-1}\,pt}$$

et la partie réelle de ξ est :

$$\xi = Ae^{-kz}\cos(\alpha z' - pt).$$

ξ est donc représenté par une fonction périodique de t et de z, multipliée par une exponentielle ayant un exposant négatif proportionnel à z ; la vibration est, par conséquent une vibration pendulaire dont l'amplitude décroît suivant une loi exponentielle à mesure que z croît : il y a donc absorption. h sera le coefficient d'absorption. En appelant τ la période de la vibration, nous avons :

$$p = \frac{2\pi}{\tau}$$

si λ' est la longueur d'onde dans le milieu considéré

$$\alpha' = \frac{2\pi}{\lambda'}$$

V étant la vitesse de la lumière dans le vide, n l'indice de réfraction du milieu, la vitesse de la lumière dans ce milieu sera :

$$\frac{\lambda'}{\tau} = \frac{p}{\alpha'} = \frac{V}{n},$$

d'où

$$\alpha' = \frac{np}{V}$$

$$\alpha = \frac{np}{V} + \sqrt{-1}\, hR.$$

La partie réelle de α est proportionnelle à l'indice de réfraction, et la partie imaginaire au coefficient d'absorption.

139. Hypothèses de Helmholtz sur l'ordre de grandeur des coefficients. — Pour simplifier la discussion, Helmholtz prend comme unité de temps la durée d'une vibration moyenne (celle de la raie D, par exemple), et comme unité de longueur la longueur d'onde de cette vibration dans le vide.

Grâce à ce choix, τ et p sont finis, l'unité de vitesse est la vitesse de la lumière dans le vide et :

$$\alpha = np + \sqrt{-1}\,k.$$

La théorie de Helmholtz se rattache au groupe des théories qui supposent la vibration perpendiculaire au plan de polarisation. L'élasticité μ est alors une constante qui dans notre système d'unités est égale à 1.

En outre Helmholtz suppose que ρ est fini, tandis que ρ_1, H_1, P_1 sont des infiniment petits du premier ordre, et R un infiniment petit d'ordre supérieur; mais cependant très grand vis-à-vis de $P_1{}^2$. R sera par exemple un infiniment petit d'ordre $\frac{3}{2}$.

La valeur de α est donnée par l'équation (7) :

$$\alpha^2 = \rho p^2 - P_1 - \frac{P_1^2}{h}$$

$$\frac{\alpha^2}{p^2} = \rho - \frac{P_1}{p^2} - \frac{P_1^2}{p^2 h}$$

ρ est fini. $\dfrac{P_1}{p^2}$ est du premier ordre comme P, puisque p^2 est fini.

Dans le troisième terme, la partie réelle de h est du premier ordre, la partie imaginaire d'ordre $\frac{3}{2}$. Posons :

$$H_1 + P_1 = -\rho_1 p_0^2$$

p_0^2 sera une quantité finie puisque H_1, P_1, ρ_1 sont du premier ordre.

Alors

$$h = \rho_1 (p^2 - p_0^2) - \sqrt{-1} p \mathrm{R}_1.$$

Tant que p^2 ne sera pas très voisin de p_0, la partie réelle sera du premier ordre : comme P_1^2 est du second ordre, le terme $\dfrac{\mathrm{P}_1^2}{p^2 h}$ sera du premier ordre. Si au contraire p^2 devient très voisin de p_0, h devient d'ordre $\dfrac{3}{2}$ et $\dfrac{\mathrm{P}_1^2}{h}$ d'ordre $\dfrac{1}{2}$.

140. Explication de l'existence des raies. — Pour discuter les valeurs de α, nous allons construire la courbe dont les points ont pour coordonnées

$$x = n \qquad y = \frac{\mathrm{K}}{p},$$

l'allure de cette courbe nous fera connaître la manière dont α varie avec p.

Dans ce but, construisons d'abord la courbe qui représente

$$\frac{\alpha^2}{p^2} = n^2 - \frac{\mathrm{K}^2}{p^2} + \frac{2\sqrt{-1}\, n\mathrm{K}}{p}.$$

L'hypothèse la plus simple que nous pouvons faire, c'est que p_0 n'est pas compris dans le spectre observable.

Dans ces conditions, $\rho_1 (p^2 - p_0^2)$ est du premier ordre. — La partie réelle de $\dfrac{\alpha^2}{p^2}$ est du premier ordre et la partie imaginaire qui est d'ordre $\dfrac{3}{2}$ est négligeable.

$$\frac{\alpha^2}{p^2} = \rho - \frac{\mathrm{P}_1}{p^2} - \frac{\mathrm{P}_1^2}{p^2 \rho_1 (p^2 - p_0^2)}.$$

Le second membre est toujours positif puisque ρ est le seul terme fini et est essentiellement positif; donc $\dfrac{\alpha}{p}$ est toujours réel et se réduit à n : il n'y a pas d'absorption sensible.

Ce second membre est une fonction rationnelle de p^2 et peut être décomposé en éléments simples :

$$\frac{\alpha^2}{p^2} = \rho - \frac{A}{p^2} - \frac{B}{p^2 - p_0^2}$$

$$\frac{A}{p^2} + \frac{B}{p^2 - p_0^2} = \frac{P_1}{p^2} + \frac{P_1^2}{p^2 \rho_1 \, (p^2 - p_0^2)},$$

d'où

$$A = P_1 - \frac{P_1^2}{\rho_1 p_0^2} = P_1 - \frac{P_1^2}{H_1 + P_1} = \frac{P_1 H_1}{H_1 + P_1}$$

$$B = \frac{P_1^2}{\rho_1 p_0^2} = \frac{P_1^2}{H_1 + P_1}$$

Ces deux coefficients A et B sont essentiellement positifs, il en résulte que n^2 va constamment en croissant quand p^2 croît, les rayons dont la longueur d'onde est la plus courte seront les plus réfrangibles.

Supposons en particulier $H_1 = 0$, alors $A = 0$ et :

$$n^2 = \rho - \frac{P_1}{p^2 - p_0^2}$$

Si p_0 correspond à une radiation située en dehors du spectre observable, en-deçà de l'infra-rouge, n^2 pourra se développer suivant les puissances croissantes de $\dfrac{1}{p^2}$, c'est-à-dire suivant les puissances croissantes de λ^2, ce qui ne peut s'accorder avec les expériences. Si p_0 correspond à une radiation située au-delà de l'ultra-violet, n^2 se développera suivant les puissances de p^2 ou de $\dfrac{1}{\lambda^2}$, ce qui est conforme aux observations.

Dans l'infra-rouge, l'expression de Cauchy développée suivant les puissances croissantes de $\frac{1}{\lambda^2}$ n'est plus suffisante : il faut ajouter le terme de Briot en λ^2 ; il suffit ici de supposer $H_1 \neq 0$ ou $A \neq 0$.

D'après l'hypothèse que nous avons faite sur p_0, la quantité imaginaire $\sqrt{-1}\,k$ étant négligeable, la courbe qui repré-

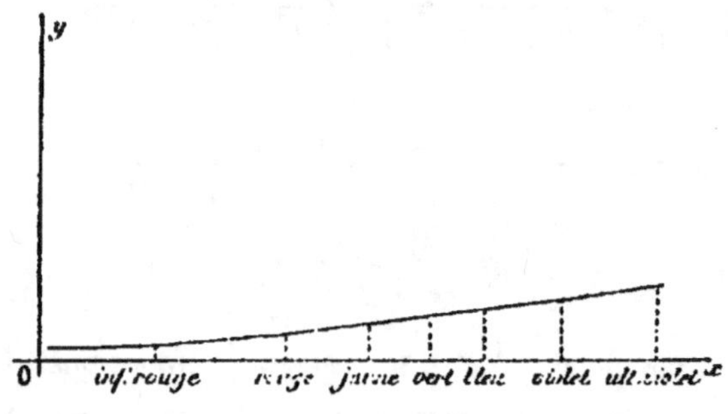

Fig. 33.

sente $\frac{x^2}{p^2}$ diffère peu de l'axe Ox des quantités réelles (*fig.* 33). Nous obtenons un spectre à dispersion normale.

141. Supposons à présent que p_0 corresponde à une radiation faisant partie du spectre observable.

Deux cas sont à distinguer :

1° Nous considérons des points pour lesquels p est notablement différent de p_0 ; nous faisons varier p d'une part de la valeur qu'il prend à l'extrémité de l'infra-rouge jusqu'à $p_0 - \varepsilon$; d'autre part, de $p_0 + \varepsilon$ jusqu'à la valeur correspondant à l'extrémité de l'ultra-violet.

Dans ces conditions $p^2 - p_0^2$ ne devient jamais nul. La partie réelle de h est du premier ordre, la partie imaginaire qui est d'ordre 3/2 est négligeable, nous retombons sur les formules précédentes.

$$\frac{\alpha^2}{p^2} = \rho - \frac{A}{p^2} - \frac{B}{p^2 - p_0^2}$$

$\frac{\alpha^2}{p^2}$ est réel et la courbe s'écarte peu de Ox. — Si p varie de O à $+\infty$, $\frac{\alpha^2}{p^2}$ part de $-\infty$, croît jusqu'à $+\infty$, valeur qu'il atteint pour $p = p_0$, saute brusquement de $+\infty$ à $-\infty$ quand p traverse la valeur p_0 et croît ensuite de $-\infty$ à ρ, valeur atteinte pour $p = +\infty$.

Dans les deux intervalles

$$-\infty < p < p_0 - \varepsilon$$
$$p_0 + \varepsilon < p < +\infty.$$

la courbe diffère peu de l'axe Ox des quantités réelles. Mais,

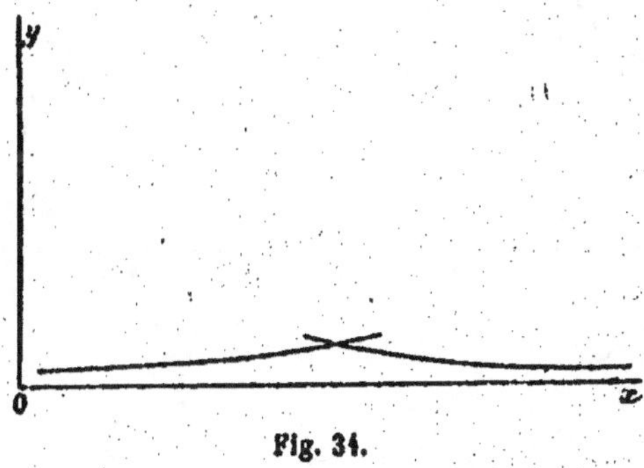

Fig. 34.

quand ε est très petit, les deux segments empièteront en général l'un sur l'autre : autrement dit, les deux arcs de courbe se croiseront (*fig.* 34).

2° Nous considérons des valeurs de p comprises entre $p_0 - \varepsilon$

et $p_0 + \varepsilon$, $p^2 - p_0^2$ est alors un infiniment petit d'ordre $\frac{1}{2}$: la partie réelle et la partie imaginaire sont alors toutes les deux d'ordre 3/2.

$$\frac{\alpha^2}{p^2} = \rho - \frac{P_1}{p^3} - \frac{P_1^2}{p_0^2 \left[P_1 (p^2 - p_0^2) - \sqrt{-1}\, p_0 H_1 \right]}.$$

Nous pouvons prendre comme valeur approchée de $\frac{\alpha^2}{p^2}$ le second membre dans lequel nous aurons remplacé p^2 par p_0^2, l'erreur ainsi commise sera très petite, puisque p diffère très peu de p_0, et nous écrirons :

$$\frac{\alpha^2}{p^2} = \rho - \frac{P_1}{p_0^3} - \frac{P_1^2}{p_0^2 \left[\rho (p^2 - p_0^2) - \sqrt{-1}\, p_0 H_1 \right]}.$$

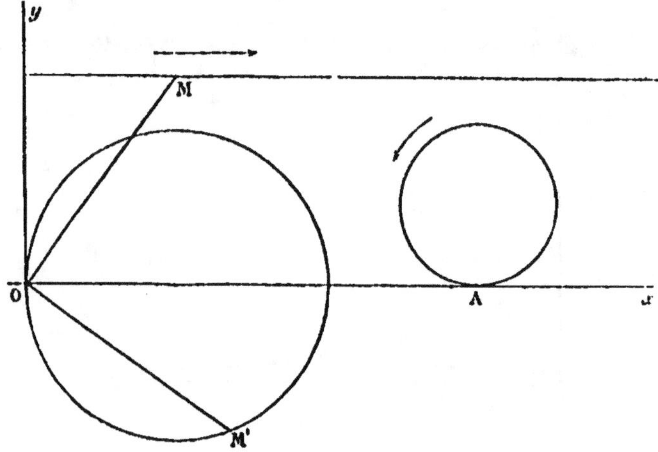

Fig. 35.

Les deux premiers termes sont constants, le troisième seul dépend de p.

Construisons le point M qui représente la quantité complexe :

$$M = p_0^3 \left[\rho \, (p^2 - p_0^2) - \sqrt{-1} \, p_0 R_1 \right].$$

La partie imaginaire est constante et la partie réelle croissante avec p : le point M décrira donc de gauche à droite une parallèle à l'axe des quantités réelles (*fig.* 35).

Construisons maintenant le point M' qui représente la quantité :

$$M' = \frac{P_1^2}{p_0^3 \left[\rho \, (p^2 - p_0^2) - \sqrt{-1} \, p_0 R_1 \right]}.$$

Pour l'obtenir, il faut faire un angle $x\mathrm{O}M'$ égal à l'angle $y\mathrm{O}M$ et prendre $\mathrm{O}M'$ tel que :

$$\mathrm{OM}.\mathrm{OM}' = P_1^2.$$

Le lieu de M' sera une circonférence décrite dans le sens de la flèche.

Il nous faut enfin construire le point

$$(A - M') = \rho - \frac{P_1}{p_0^3} - \frac{P_1^2}{p_0^3 \left[\rho_1 \, (p^2 - p_0^2) - \sqrt{-1} \, R_1 p_0 \right]}$$

ce point décrira une circonférence dans le sens indiqué par la flèche (*fig.* 35). La partie de la courbe $\dfrac{\alpha^2}{p^2}$, qui s'éloigne notablement de l'axe des x, présente donc sensiblement la forme d'une circonférence.

Par conséquent la courbe réelle possédera un point double et une boucle.

Le calcul montre que cette boucle existe tant que

$$\frac{R_1^2}{\rho_1 P_1} > \frac{16 H_1 + P_1}{16 H_1 + 4 P_1}$$

Si ces deux quantités sont égales, on a un point de rebroussement. Si la première devient plus petite, le point double disparaît, le second membre de l'inégalité est fini, ce qui montre que R_1 doit être du même ordre que ρ_1 et p_1, quand la boucle existe.

La courbe en $\dfrac{\alpha}{p}$ a même allure que la courbe en $\dfrac{\alpha^2}{p^3}$. Soit en effet M le point qui représente $\dfrac{\alpha^2}{p^3}$ (fig. 36).

Pour obtenir le point M' qui représente $\dfrac{\alpha}{p}$, il faut mener la bissectrice OM' de l'angle OxM et prendre $OM' = \sqrt{OM}$. Quand M décrit une courbe, avec point double il en est de même de M', et les points doubles se correspondent.

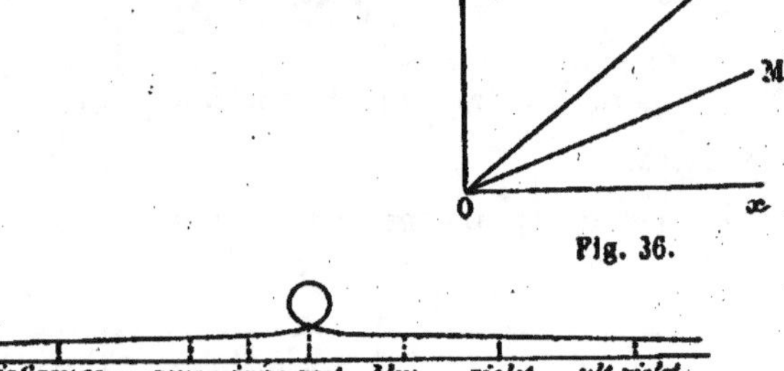

Fig. 36.

Fig. 37.

Les dimensions de la boucle sont variables. Si ρ_1 n'est plus très petit et H_1 notablement plus grand que P_1, la boucle est très petite. Quand la courbe s'éloigne de Ox, cela veut dire qu'il y a absorption, la boucle correspond à une bande noire. Si elle est peu prononcée, la perturbation est insignifiante et le spectre présente une dispersion normale (fig. 37).

Si la boucle est fortement accentuée (fig. 38), comme dans le cas d'un prisme de fuchsine, au-dessus d'une certaine valeur de k, c'est-à-dire pour la portion de la boucle située au-dessus d'une certaine parallèle ED à l'axe OX, il y aura absorption. De A en B nous aurons l'infra-rouge; de B en C, le le rouge; de C en D, la jaune; de D en E, le vert absorbé, d'où une bande noire; de E en F, le bleu; de F en G, le violet; et, au

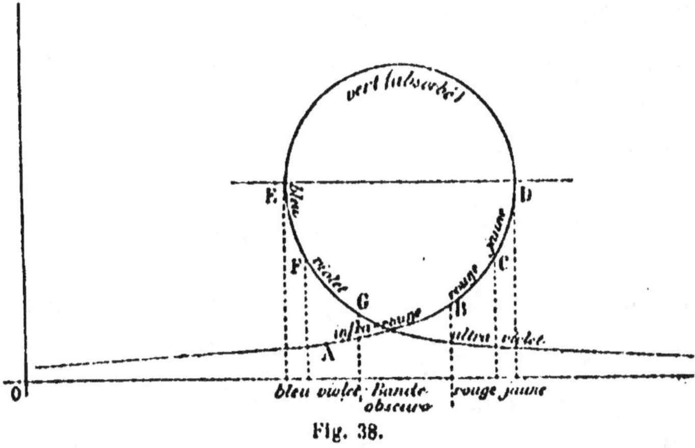

Fig. 38.

delà, l'ultra-violet. En projetant sur l'axe des x, nous obtiendrons la variation de l'indice, et, comme le montre la figure, les couleurs rangées par ordre d'indice croissant se succéderont comme il suit:

Bleu, violet, (bande obscure), rouge, jaune.

142. Nous rendons compte par ces considérations de l'existence d'une seule bande obscure dans le spectre. Or les spectres observés présentent un très grand nombre de ces bandes obscures.

Dans notre analyse nous avons admis seulement trois sortes de molécules : les molécules d'éther et les molécules matérielles, les unes mobiles, les autres immobiles. Si, au lieu d'une seule espèce de molécules matérielles mobiles, nous en admettons plusieurs espèces, l'analyse nous expliquera la présence d'un plus grand nombre de bandes.

Supposons en effet qu'il y ait des molécules matérielles mobiles de n espèces : soient ξ_1, ζ_2,... ξ_n les élongations des molécules de 1°, 2e,... n^e espèce.

Nous allons écrire les équations du mouvement en supposant qu'il y ait seulement deux espèces de molécules matérielles mobiles.

L'équation du mouvement de l'éther sera :

$$\rho \frac{d^2\xi}{dt^2} = \frac{d^2\xi}{dz^2} + P_1 (\xi_1 - \xi) + P_2 (\xi_2 - \xi),$$

le premier terme du second membre provient de l'élasticité de l'éther, il se réduit à $\dfrac{d^2\xi}{dz^2}$ pour une onde plane parallèle au plan des xy. Les deux autres termes représentent respectivement l'action des molécules matérielles mobiles de première et de seconde espèce.

Les équations du mouvement des molécules matérielles mobiles seront pour la première espèce :

$$\rho_1 \frac{d^2\xi_1}{dt^2} = - H_1\xi_1 - R_1 \frac{d\xi_1}{dt} + P_1 (\xi - \xi_1),$$

et pour la seconde :

$$\rho_2 \frac{d^2\xi_2}{dt^2} = - H_2\xi_2 - R_2 \frac{d\xi_2}{dt} + P_2 (\xi - \xi_2).$$

Posons, pour satisfaire à ces équations :

$$\xi = A e^{\sqrt{-1}(\alpha z - pt)}$$
$$\xi_1 = A_1 e^{\sqrt{-1}(\alpha z - pt)}$$
$$\xi_2 = A_2 e^{\sqrt{-1}(\alpha z - pt)}$$

$\dfrac{\alpha}{p}$ aura pour partie réelle l'indice de réfraction et pour partie

imaginaire $\dfrac{k}{p}$, k étant le coefficient d'absoption.

Il faudra que :

$$h\xi = (\rho p^2 - \alpha^2 - P_1 - P_2)\,\xi = -\,P_1\xi_1 - P_2\xi_2$$
$$h_1\xi_1 = (\rho_1 p^2 - H_1 - P_1 + \sqrt{-1}\,p R_1)\,\xi_1 = P_1\xi$$
$$h_2\xi_2 = (\rho p^2 - H_2 - P_2 + \sqrt{-1}\,p R_2)\,\xi_2 = P_2\xi$$

Remplaçons ξ_1 et ξ_2 par $\dfrac{\rho_1\xi_1}{h_1}$ et $\dfrac{\rho_2\xi_2}{h_2}$ dans la première équation, et tirons $\dfrac{\alpha^2}{p^2}$, nous trouvons :

$$\frac{\alpha^2}{p^2} = \rho - \frac{P_1}{p} - \frac{P_2}{p} - \frac{P_1^2}{h_1 p^2} - \frac{P_2^2}{h_2 p^2}$$

Pour discuter ce résultat, il faut, comme nous l'avons fait déjà, construire la courbe ayant pour abscisse n et pour ordonnée $\dfrac{p}{k}$.

Nous construirons d'abord la courbe qui représente $\dfrac{\alpha^2}{p^2}$, en faisant les mêmes hypothèses qu'au paragraphe précédent sur l'ordre de grandeur des coefficients.

Posons :

$$H_1 + P_1 = \rho_1 p_1^2$$
$$H_2 + P_2 = \rho_2 p_2^2$$

ou :

$$h_1 = \rho_1\,(p^2 - p_1^2) + \sqrt{-1}\,p R_1$$
$$h_2 = \rho_2\,(p^2 - p_2^2) + \sqrt{-1}\,p R_2.$$

Tant que p n'est pas voisin de p_1, la partie réelle de h_1 est du premier ordre, et la partie imaginaire qui est d'ordre supérieur peut être négligée.

$$\frac{\alpha^2}{p^2} = \rho - \frac{P_1}{p^2} - \frac{P_2}{p^2} - \frac{P_1^2}{\rho_1\,(p^2 - p_1^2)} - \frac{P_2^2}{\rho_2\,(p^2 - p_2^2)}$$

$\dfrac{\alpha^2}{p_2}$ est constamment positif et croissant avec p. Mais quand p devient très voisin de p_1, on ne peut plus négliger la partie imaginaire : il y a absorption : la longueur d'onde pour laquelle $p = p_1$ correspond à une raie d'absorption. De la même manière, on montrerait que la longueur d'onde pour laquelle $p = p_2$ correspond aussi à une raie d'absorption.

La courbe diffère d'abord très peu de l'axe des x; puis au voisinage de $p = p_1$ elle forme une boucle, elle se rapproche ensuite de Ox, forme une autre boucle au voisinage de $p = p_2$ et revient encore vers l'axe des x (*fig.* 39).

Ce que nous venons de faire pour deux espèces de

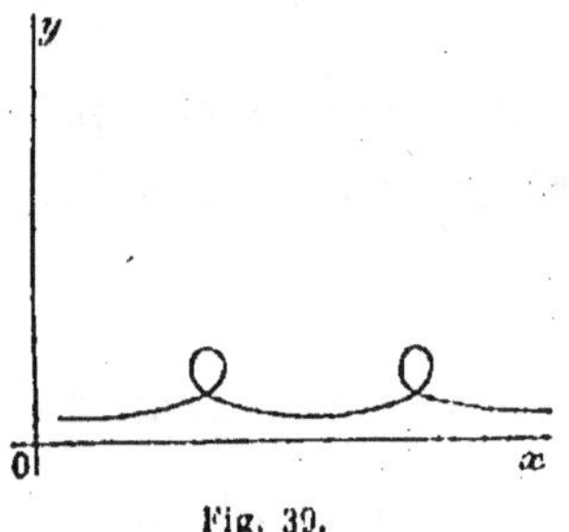

Fig. 39.

molécules mobiles, nous aurions pu le faire pour un plus grand nombre ; nous obtiendrons autant de boucles, et par suite, autant de raies obscures que nous considérerions d'espèces de molécules mobiles.

143. Difficultés de cette théorie. — Nous avons supposé que la densité ρ de l'éther était finie, et la densité ρ_1 de la matière infiniment petite du premier ordre. C'est le contraire qu'on se figure habituellement : car on se représente en général l'éther comme une matière extrêmement subtile. Cette hypothèse paraîtra moins surprenante, si on remarque que ρ_1 et ρ_2 représentent non pas la masse entière de la matière, mais seulement celle de la matière mobile. Kirchhoff a aussi proposé de regarder ρ_1 et ρ_2 comme la densité d'atomes d'éther condensés autour des molécules matérielles.

Une autre difficulté tient à la présence de molécules immobiles. Nos équations ne tiennent pas compte des actions possibles de ces molécules sur l'éther. Nous avons supposé que les molécules mobiles de première espèce n'agissaient pas sur celles de seconde espèce, et réciproquement ; pour introduire ces actions, il suffirait d'ajouter un terme de la forme $Q (\xi_1 - \xi_2)$, ce qui compliquerait les équations, mais n'en changerait pas la forme.

En ce qui concerne les molécules immobiles, nous allons voir qu'il est possible de les laisser de côté en introduisant en plus une espèce de molécules mobiles.

Écrivons les équations du mouvement pour trois sortes de molécules mobiles, sans molécules immobiles.

$$\rho \frac{d^2\xi}{dt^2} = \frac{d^2\xi}{dz^2} + P_1 (\xi_1 - \xi) + P_2 (\xi_2 - \xi) + P_3 (\xi_3 - \xi)$$

$$\rho^1 \frac{d^2\xi_1}{dt^2} = P_1 (\xi - \xi_1) + Q (\xi_2 - \xi_1) + S (\xi_3 - \xi_1) - R_1 \frac{d\xi_1}{dt}$$

$$\rho^2 \frac{d^2\xi_2}{dt^2} = P_2 (\xi - \xi_2) + Q (\xi_1 - \xi_2) + T (\xi_3 - \xi_2) - R_2 \frac{d\xi_2}{dt}$$

$$\rho^3 \frac{d^2\xi_3}{dt^2} = P_3 (\xi - \xi_3) + \cdots$$

Ces équations ne contiennent que les différences $(\xi_1 - \xi)$, $(\xi_2 - \xi)$, etc. Si nous négligeons les termes en R, nous pour-

rons ramener, par un changement de variables, ces équations
à la même forme que les précédentes.

Cette transformation sera analogue à celle que font les
astronomes pour réduire le problème des trois corps. Considérons en effet trois astres, par exemple : le soleil, Jupiter et
Saturne. Le problème comporte dix-huit inconnues, à savoir :
les coordonnées et les vitesses de ces trois astres; mais ce
nombre peut être aisément réduit à 12, si l'on considère seulement les mouvements relatifs ; on rapporte ordinairement
les deux planètes au soleil; mais les équations ne conservent
plus alors la forme canonique des équations de la Dyna-
mique. Cette forme est au contraire conservée si on rapporte
Jupiter au soleil, et Saturne au centre de gravité de Jupiter et
du soleil. On peut faire ici quelque chose de tout à fait analogue. Il suffira de poser :

$$\xi_1' = \xi_2 - \xi_1$$
$$\xi_2' = \xi_3 - \frac{\rho_2\xi_2 + \rho_1\xi_1}{\rho_2 + \rho_1}.$$

On peut supposer que le centre de gravité du système des
trois molécules soit immobile c'est-à-dire, que

$$\rho_1\xi_1 + \rho_2\xi_2 + \rho_3\xi_3 = 0 ;$$

Tout se passera alors comme s'il n'existait que deux
sortes de molécules mobiles. De ce que la théorie de Helmholtz
nous conduit à des résultats conformes aux faits observés,
nous ne pourrons donc conclure à l'existence de ces molécules immobiles.

On pourrait de même dans la deuxième équation remplacer

$\dfrac{d\xi_1}{dt}$ par $\dfrac{d(\xi_2 - \xi_1)}{dt}$ en admettant que la résistance est proportionnelle à la vitesse relative ; ce changement ne modifierait pas les résultats dans ce qu'ils ont d'essentiel ; car le rôle du terme en R est seulement d'introduire un terme imaginaire qui n'acquiert une valeur sensible qu'au voisinage des valeurs remarquables de p : $p_1 ..., p_2, p_n$.

Du reste, quelle que soit l'hypothèse que l'on fasse à cet égard, il est assez difficile de s'expliquer l'origine de ce frottement du moment où on se représente les molécules séparées les unes des autres.

144. Relation entre l'absorption et l'émission. — Quand un rayon traverse un milieu absorbant on dit souvent que le milieu absorbe les couleurs correspondant, à sa période propre de vibration, ce qui est conforme à la théorie de Helmholtz. Reprenons en effet l'équation :

$$\rho_1 \frac{d^2\xi_1}{dt^2} = -\ \mathrm{H}_1\xi_1 + \mathrm{P}_1 \left(\xi - \xi_1\right).$$

Si l'éther n'existait pas, on aurait

$$\rho_1 \frac{d^2\xi_1}{dt^2} = -\ (\mathrm{H}_1 + \mathrm{P}_1)\ \xi_1 \rho_1 p_1^2 = \mathrm{H}_1 + \mathrm{P}_1,$$

d'où

$$\xi_1 = e_{\cdot}^{\sqrt{-1}\,p_1 t},$$

de même pour $\xi_2, .. \xi_n$; les périodes propres du milieu sont donc données par les valeurs $p_1,\ p_2,\ ...\ p_n$ de p qui correspondent aux raies d'absorption.

On suppose ordinairement que, quand le rayon lumineux

traverse un milieu absorbant, les molécules matérielles, entraînées par celles d'éther entrent en vibration. S'il n'y a pas concordance entre les périodes, l'amplitude de ces vibrations reste très faible. S'il y a concordance, au contraire, l'amplitude va en croissant : les molécules matérielles absorbent de la force vive et leurs vibrations constituent la chaleur. D'après cette manière de voir, l'amplitude de l'élongation des molécules matérielles croît quand il y a absorption.

Dans la théorie de Helmholtz, l'amplitude d'élongation des molécules matérielles reste constante, mais il y a un frottement qui absorbe de la force vive et la transforme en chaleur.

Bien que la première conception ne soit pas facile à mettre en équation, il est probable qu'elle conduirait aux mêmes résultats que celle de Helmholtz, même en ce qui concerne la dispersion anomale, car dans nos équations le terme R_1 nous a servi seulement à exprimer l'existence de l'absorption.

Elle rendrait d'ailleurs, peut-être mieux que celle de Helmholtz, compte de l'émission des radiations par les corps qui les absorbent. Les molécules portées à haute température vibrent et communiquent leur énergie aux molécules d'éther.

Une partie des difficultés que nous avons rencontrées tiennent aussi à l'hypothèse particulière que nous avons faite sur la nature de l'onde : comme nous avons considéré une onde plane, remplissant tout l'espace, il ne peut y avoir rayonnement.

145. Théorie électromagnétique de la dispersion. — Nous savons qu'un excitateur possède une période propre et que, placé dans un champ électrique variable, il entre en vibration et devient un résonateur.

Pour expliquer les phénomènes de dispersion et d'absorption, on a supposé la matière parsemée de petits conducteurs
susceptibles de jouer ainsi le rôle d'excitateurs et de résonateurs pour les oscillations extrêmement rapides qui constituent la lumière.

Voici quel avantage cette conception peut présenter. Dans
la théorie de Helmholtz nous sommes obligés, pour expliquer
l'existence de $(n - 1)$ raies, d'imaginer n espèces de molécules.
Comme les raies sont extrêmement nombreuses, il nous faudrait admettre dans chaque molécule un nombre d'atomes
extrêmement considérable.

Or les raies du spectre forment des groupes qui paraissent
suivre des lois analogues aux lois des sons harmoniques,
quoique beaucoup plus compliquées ; il semble donc qu'on
devrait pouvoir trouver une relation qui permette de déduire
une quelconque de ces raies des précédentes. Si cette relation
existait, le nombre des raies et celui des atomes devraient
être infinis, ce qui semble inadmissible.

Déjà ce problème avait frappé M. Brillouin, qui en avait
cherché diverses solutions. La théorie électromagnétique
aurait pu lui en fournir une nouvelle assez satisfaisante.

Le milieu est parsemé d'excitateurs de formes et de périodes
diverses, répartis en un certain nombre de groupes, correspondant aux diverses sortes de molécules mobiles de
Helmholtz.

Mais on sait qu'un excitateur est susceptible d'une infinité
de vibrations dont les périodes obéissent à des lois analogues
à celles des harmoniques d'une corde vibrante ; dans le cas
des excitateurs linéaires, ces lois se réduisent à ces dernières.

Chaque groupe d'excitateurs donnera donc non pas une

raie, mais une infinité de raies se succédant conformément à une certaine loi.

On retrouverait d'ailleurs, sauf cette différence, une théorie tout à fait analogue à celle de Helmholtz.

A chaque catégorie de ces excitateurs correspondra dans les équations une des composantes que nous avons appelées $\xi_1, \xi_2 \ldots \xi_n$. Les équations trouvées ont même forme que celles que nous avons écrites. Seulement l'interprétation des termes est différente; en particulier les coefficients $\rho_1, \rho_2 \ldots \rho_n$ représenteraient les coefficients de self-induction des excitateurs, etc.; les coefficients $H_1 + P_1$, $H_2 + P_2 \ldots H_n + P_n$ en représenteraient les capacités, etc.

Enfin, et c'est là un autre avantage de cette théorie sur celle de Helmholtz, les termes en $R_1, R_2 \ldots R_n$ ne soulèvent plus la difficulté que j'ai signalée plus haut. $R_1, R_2 \ldots R_n$ représentent alors les résistances de nos excitateurs, et l'énergie absorbée par ce que Helmholtz appelle le frottement n'est autre chose que la chaleur de Joule.

Les équations seraient d'une forme un peu plus compliquée que celles de Helmholtz, parce qu'il faudrait tenir compte de l'induction mutuelle des excitateurs. Mais rien de ce qui est essentiel ne serait changé. Il n'y a pas lieu du reste de faire un choix entre ces théories différentes. Ce serait très prématuré. J'ai voulu seulement, par cette discussion, montrer ce qui est essentiel dans les hypothèses de Helmholtz, et ce qui est secondaire.

CHAPITRE XI

DISPERSION ET ABSORPTION DE LA LUMIÈRE
PAR LES MILIEUX ANISOTROPES

146. Les lois de la dispersion et de l'absorption de la
lumière et des radiations en général, par les milieux cristallisés, ont été, dans ces derniers temps, l'objet de travaux
importants. Nous citerons en particulier les travaux de M. Carvallo (¹) sur la dispersion, ceux de M. Becquerel sur l'absorption.

Il s'agissait de savoir si les lois classiques de la double
réfraction sont rigoureuses ou seulement approchées; en
d'autres termes, si la surface d'onde est exactement une surface de Fresnel, ou si elle en diffère de quantités qui soient de
l'ordre de grandeur des termes qui représentent la dispersion.

Jusqu'alors on croyait que cette dernière opinion était la
vraie. M. Carvallo a montré au contraire, en opérant sur des
cristaux uniaxes, que, pour une couleur déterminée, la sur-

(¹) CARVALLO, Thèse.

face de l'onde se décompose en deux surfaces qui sont une sphère et un ellipsoïde, ou tout au moins les écarts sont de l'ordre des erreurs d'expérience. Il en sera probablement de même dans les cristaux biaxes. Quand on passe d'une couleur à l'autre, les deux surfaces changent de dimension, mais non de nature.

Ces résultats s'expliquent très bien dans la théorie de Helmholtz, comme l'a établi M. Carvallo, et comme nous allons le voir.

Nous prendrons la théorie sous sa forme la plus simple : c'est-à-dire que nous admettrons l'existence de deux sortes seulement de molécules matérielles, les unes mobiles, les autres immobiles.

147. Considérons un élément de volume $d\tau$: cet élément renferme des molécules d'éther, des molécules matérielles mobiles et des molécules matérielles immobiles.

Les molécules d'éther sont soumises aux forces provenant des molécules d'éther extérieures à l'élément $d\tau$ et aux forces provenant des molécules matérielles ; les molécules matérielles de l'élément $d\tau$ sont aussi soumises à ces deux espèces de forces, et en plus à une résistance, analogue au frottement et qui produit l'absorption. Soient ρ la densité de l'éther dans l'élément $d\tau$; ξ, η, ζ les composantes du déplacement d'une molécule d'éther ; ρ_1 et ξ_1, η_1, ζ_1 les quantités analogues pour les molécules matérielles mobiles.

$X_0 d\tau$, $Y_0 d\tau$, $Z_0 d\tau$ seront les projections sur les axes de la résultante de toutes les forces qui agissent sur l'éther de $d\tau$ et proviennent de l'éther extérieur à $d\tau$.

$X d\tau$, $Y d\tau$, $Z d\tau$ seront les projections de la résultante des actions des molécules matérielles sur l'élément d'éther $d\tau$.

$X_1 d\tau$, $Y_1 d\tau$, $Z_1 d\tau$, les projections de l'action résultante de l'éther et de la matière immobile sur la matière mobile de $d\tau$ et

$$-R_1 \frac{d\xi_1}{dt} d\tau, \qquad -R_1 \frac{d\eta_1}{dt} d\tau, \qquad -R_1 \frac{d\zeta_1}{dt}$$

les projections de la résistance passive. Les équations du mouvement de l'éther seront :

$$(1) \qquad \rho \frac{d^2\xi}{dt} = X_0 + X$$

et deux autres analogues.

Celles du mouvement de la matière seront :

$$(2) \qquad \rho_1 \frac{d^2\xi_1}{dt^2} = X_1 - R_1 \frac{d\xi_1}{dt}$$

et deux autres analogues.

Or (§ 137).

$$X_0 = \Delta\xi - \frac{d\theta}{dx}.$$

Pour déterminer X... X_1... supposons qu'on donne aux molécules d'éther de l'élément $d\tau$ un déplacement virtuel $(\delta\xi, \delta\eta, \delta\zeta)$ et aux molécules matérielles un déplacement virtuel $(\delta\xi_1, \delta\eta_1, \delta\zeta_1)$. Le travail virtuel résultant de ce déplacement sera :

$$\int (X\delta\xi + Y\delta\eta + Z\delta\zeta + X_1\delta\xi_1 + Y_1\delta\eta_1 + Z_1\delta\zeta_1)\, d\tau$$

l'intégrale étant étendue à tous les éléments $d\tau$ du cristal.

Ce travail doit être égal à l'accroissement virtuel δV d'un certain potentiel V.

Supposons, comme on le fait toujours, que le rayon d'activité moléculaire soit très petit, nous pourrons diviser le volume total en éléments $d\tau$ très petits en valeur absolue, quoique très grands par rapport au rayon d'activité ; le potentiel total sera égal à la somme des potentiels partiels qu'on obtiendrait en ne laissant subsister qu'un seul de ces éléments. Π étant le potentiel relatif à un élément $d\tau$, nous pourrons poser :

$$V = \int \Pi d\tau$$

$$\delta V = \int \delta \Pi d\tau = \int (\Sigma X \delta\xi + \Sigma X_1 \delta\xi_1) \, d\tau$$

Π est évidemment une fonction de ξ, η, ζ, ξ_1, η_1, ζ_1, donc

$$\delta\pi = \frac{d\Pi}{d\xi}\delta\xi + \frac{d\Pi}{d\eta}\delta\eta + \frac{d\Pi}{d\zeta}\delta\zeta + \frac{d\Pi}{d\xi_1}\delta\xi_1 + \frac{d\Pi}{d\eta_1}\delta\eta_1 + \frac{d\Pi}{d\zeta_1}\delta\zeta.$$

Identifions les deux expressions de δV.

$$X = \frac{d\Pi}{d\xi} \qquad\qquad X_1 = \frac{d\Pi}{d\xi_1}$$

$$Y = \frac{d\Pi}{d\eta} \qquad\qquad Y_1 = \frac{d\Pi}{d\eta_1}$$

$$Z = \frac{d\Pi}{d\zeta} \qquad\qquad Z_1 = \frac{d\Pi}{d\zeta_1}.$$

Substituons ces valeurs dans les équations (1) et (2), il vient

$$\rho \frac{d^2\xi}{dt^2} = \Delta\xi - \frac{d\theta}{dx} + \frac{d\Pi}{d\xi}$$

$$\rho_1 \frac{d^2\xi_1}{dt^2} = \frac{d\Pi}{d\xi_1} - R_1 \frac{d\xi_1}{dt}.$$

Comme les ξ sont des quantités très petites, Π peut être développé suivant leurs puissances croissantes en négligeant les termes qui sont de l'ordre de grandeur du cube des ξ.

Π sera donc un polynôme du second degré par rapport aux ξ, et ses coefficients seront des constantes si le cristal est homogène.

De plus Π sera homogène du second degré. En effet, comme Π n'est défini que par ses dérivées, il n'est déterminé qu'à une constante près, et nous pouvons annuler le terme de degré O.

Dans l'état d'équilibre les ξ sont nuls et aussi les forces; les dérivées de Π doivent donc s'annuler en même temps que les ξ, par conséquent les termes de Π qui seraient du premier degré sont nuls.

Nous ferons sur l'ordre de grandeur des coefficients les mêmes hypothèses que dans le cas des milieux isotropes (§ 139), les termes en R_1 seront encore négligeables en général sauf pour certaines radiations très voisines des radiations absorbées, il restera

$$(3) \qquad \rho \frac{d^2\xi}{dt^2} = \Delta\xi - \frac{d\theta}{dx} + \frac{d\Pi}{d\xi}$$

$$(4) \qquad \rho_1 \frac{d^2\xi_1}{dt^2} = \frac{d\Pi}{d\xi_1}.$$

148. Nous allons considérer une onde plane dont la normale a pour cosinus directeurs l, m, n.

Soit l'exponentielle :

$$\xi = e^{\sqrt{-1}\,[2\pi(lx + my + nz) + pt]}$$

où $p = \dfrac{2\pi}{\tau}$, τ étant la période, et x a pour partie réelle np, n

étant l'indice de réfraction, et pour partie imaginaire le coefficient d'absorption k, et posons

$$\xi = A\epsilon \qquad\qquad \xi_1 = A_1\epsilon$$
$$\eta = B\epsilon \qquad\qquad \eta_1 = B_1\epsilon$$
$$\zeta = C\epsilon \qquad\qquad \zeta_1 = C_1\epsilon$$

(suivant une remarque que nous avons déjà souvent faite, nous
ne conserverons en définitive que les parties réelles de ces
expressions (§ 22-23).

D'après cela :

$$\frac{d^2\xi}{dt^2} = - p^2\xi \qquad \frac{d^2\xi_1}{dt^2} = - p^2\xi_1.$$

L'équation (4) peut s'écrire

$$(5) \qquad\qquad \rho_1 p^2\xi_1 + \frac{d\Pi}{d\xi_1} = 0.$$

Posons :

$$Q = \Pi + \rho_1 \frac{p^2}{2} (\xi_1^2 + \eta_1^2 + \zeta_1^2).$$

Q sera encore un polynôme homogène du second degré par
rapport aux ξ.

$$\frac{dQ}{d\xi} = \frac{d\Pi}{d\xi}$$
$$\frac{dQ}{d\xi_1} = \frac{d\Pi}{d\xi_1} + \rho_1 p^2\xi_1.$$

Introduisons ces expressions dans les équations (3) et (5),
nous trouvons :

$$(6) \qquad\qquad \rho \frac{d^2\xi}{dt^2} = \Delta\xi - \frac{d\vartheta}{dx} + \frac{dQ}{d\xi}$$

$$\frac{dQ}{d\xi_1} = 0 ;$$

par permutation des lettres nous en obtiendrons deux autres, analogues à la dernière, de sorte que

$$\frac{dQ}{d\xi_1} = \frac{dQ}{d\eta_1} = \frac{dQ}{d\zeta_1} = 0.$$

Q étant un polynôme homogène du second degré, ces dérivées sont homogènes du premier degré. De ces trois équations nous pourrons donc tirer ξ_1, η_1, ζ_1 en fonction linéaire de ξ, η, ζ en substituant à ξ_1, η_1 ζ_1 ces expressions linéaires dans le polynôme Q, Q restera homogène du second degré par rapport à ξ, η, ζ.

Représentons par $\dfrac{dQ}{d\xi}$ la dérivée de Q par rapport à ξ, en considérant les six variables indépendantes et par $\dfrac{\partial Q}{\partial \xi}$ cette dérivée en considérant ξ_1, η_1, ζ_1 comme des fonctions de ξ définies par les équations (6)

$$\frac{\partial Q}{\partial \xi} = \frac{dQ}{d\xi} + \frac{dQ}{d\xi_1}\frac{d\xi_1}{d\xi} + \frac{dQ}{d\eta_1}\frac{d\eta_1}{d\eta} + \frac{dQ}{d\zeta_1}\frac{d\zeta_1}{d\zeta}$$

mais les trois derniers termes sont nuls d'après les équations (6) : il reste

$$\frac{\partial Q}{\partial \xi} = \frac{dQ}{d\xi}.$$

Donc :

$$\rho\,\frac{d^2\xi}{dt^2} = \Delta\xi - \frac{d\vartheta}{d\omega} + \frac{\partial Q}{\partial \xi}.$$

Les coefficients de Q dépendent de p, c'est-à-dire de la couleur considérée. Regardons pour un instant ζ, η, ξ comme des coordonnées. $Q = 1$ sera l'équation d'un ellipsoïde.

En prenant pour axes de coordonnées les axes de symétrie

de cet ellipsoïde, Q prendra la forme

$$Q = \frac{1}{2}\left(a_0\xi^2 + b_0\eta^2 + c_0\zeta^2\right).$$

149. Si le cristal est orthorhombique, il a trois plans de symétrie qui sont forcément les plans principaux de l'ellipsoïde ; quelle que soit la couleur considérée, la direction des axes est indépendante de la couleur. Si le cristal n'est pas orthorhombique, rien ne nous autorise à supposer *a priori* que certains plans soient des plans de symétrie ; l'orientation des axes peut alors dépendre de la couleur.

Remplaçons dans l'équation (7) les ξ en fonction de ϵ :

$$\Delta\xi = \Lambda\Delta\epsilon = -\,A\varkappa^2\epsilon\,(l^2 + m^2 + n^2) = -\,A\varkappa^2\epsilon$$

$$\theta = \sum\frac{d\xi}{dx} = \text{const. } \epsilon$$

$$\frac{d\theta}{dx} = \theta\sqrt{-1}\,\varkappa l$$

$$\frac{dQ}{d\xi} = \alpha_0\xi.$$

D'où :

$$(\varkappa^2 - \rho p^2 - a_0)\,\xi = -\sqrt{-1}\,\varkappa l\theta$$

et deux autres équations pareilles.

Posons :

$$\rho p^2 + a_0 = a$$
$$\rho p^2 + b_0 = b$$
$$\rho p^2 + c_0 = c,$$

puis remarquons que

$$\theta = \sum_l\frac{d\xi}{dx} = \sqrt{-1}\,\varkappa\,(l\xi + m\eta + n\zeta),$$

nous aurons entre ξ, η, ζ, θ les quatre équations :

$$(8) \quad \begin{cases} (\alpha^2 - a)\,\xi = -\sqrt{-1}\,\alpha l\theta \\ (\alpha^2 - b)\,\eta = -\sqrt{-1}\,\alpha m\theta \\ (\alpha^2 - c)\,\zeta = -\sqrt{-1}\,\alpha n\theta \\ \qquad 0 = -\sqrt{-1}\,\alpha\,(l\xi + m\eta + n\zeta) \end{cases}$$

qui nous permettront d'éliminer ξ, η, ζ.

$$\xi = -\sqrt{-1}\,\alpha\theta\,\frac{l}{\alpha^2 - a}$$

$$-\sqrt{-1}\,\alpha\theta = \alpha^2 \sum l\xi = \alpha^2 \sum \frac{l^2}{\alpha^2 a}\,(-\sqrt{-1}\,\alpha\theta),$$

ou

$$1 - \alpha^2 \sum \frac{l^2}{\alpha^2 - a} = 0,$$

comme

$$1 = \sum l^2,$$

$$\sum l^2 \left(1 - \frac{\alpha^2}{\alpha^2 - a}\right) = \sum \frac{al^2}{\alpha^2 - a} = 0.$$

En définitive

$$(9) \quad \frac{l^2 a}{\alpha^2 - a} + \frac{m^2 b}{\alpha^2 - b} + \frac{n^2 c}{\alpha^2 - c} = 0.$$

Cette équation est celle de Fresnel. Les dimensions de la surface et la direction des axes dépendent en général de la couleur, puisque a, b, c en dépendent, sauf dans les cristaux du système orthorhombique où l'orientation des axes est indépendante de la couleur.

Nous avons supposé qu'il existait seulement une espèce de molécules mobiles. En en supposant un plus grand nombre, nous aurions pu conduire le calcul tout pareillement, seulement nous aurions trouvé plus d'équations :

$$\frac{dQ}{d\xi_i} = 0 \qquad \frac{dQ}{d\xi_i} = 0 \qquad \frac{dQ}{d\xi_n} = 0,$$

équations qui donnent $\xi \ldots \xi_n$ en fonction linéaire de ξ, η, ζ, etc.

La théorie de Helmholtz rend donc bien compte des phénomènes de dispersion dans les milieux cristallisés.

Dans la plupart des autres théories, on est conduit à introduire des dérivées d'ordre supérieur, par rapport à x, y, z, telles que $\frac{d^4\xi}{dz^4}$, etc. Dans ces conditions, il est impossible d'arriver aux lois découvertes par M. Carvallo, à moins d'introduire encore des dérivées d'ordre supérieur par rapport au temps.

150. Absorption dans les milieux cristallisés. — Avant d'aborder l'étude de l'absorption dans les milieux cristallisés, une remarque est nécessaire.

On sait que les diverses théories mathématiques de la lumière se partagent en trois grands groupes, ayant respectivement pour type celle de Fresnel, celle de Neumann et celle de M. Sarrau.

Soient M le plan de l'onde, OP la normale à ce plan, OR le rayon lumineux (*fig.* 40).

D'après Fresnel, la vibration OF serait dans le plan de l'onde, perpendiculaire à OP et dans le plan POR. D'après Neumann, la vibration ON serait dans le plan de l'onde, mais perpendiculaire au plan POR. Enfin, d'après M. Sarrau, la vibration OS serait dans le plan POR perpendiculaire au

rayon OR ; elle ne serait donc plus dans le plan de l'onde.
Mais l'angle FOS, qui est égal à POR, est en général très
petit.

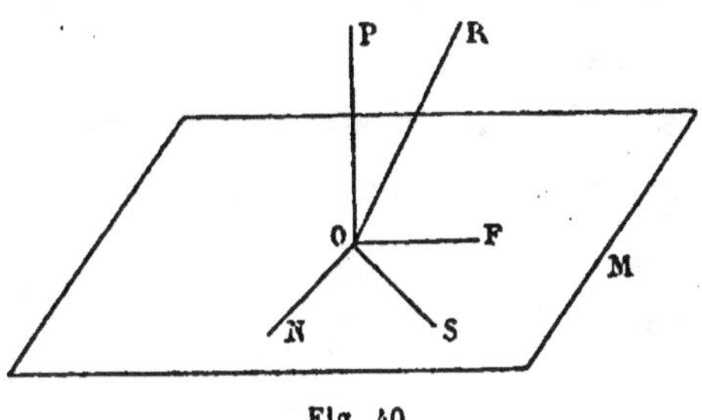

Fig. 40.

Dans la théorie électromagnétique ON serait la force
magnétique, OS la force électrique. OF serait le déplacement
électrique, qui est de même sens que la force électrique si
le milieu est isotrope, parce que l'élasticité électrique est
alors la même dans toutes les directions. La vibration de
Fresnel et celle de M. Sarrau coïncident aussi quand le milieu
est isotrope.

Or les équations que nous a données la théorie de
Helmholtz (§ 149)

$$(\alpha^2 - a)\,\xi = -\sqrt{-1}\,\alpha\theta l,$$

etc.,

sont précisément celles de M. Sarrau. La vibration de
Helmholtz serait la vibration de M. Sarrau, perpendiculaire
au rayon et à la vibration de Neumann et faisant un petit
angle avec celle de Fresnel.

Cette vibration n'est pas située dans le plan de l'onde ;
dans ce cas, θ serait nul et on aurait $\xi = \eta = \zeta = 0$
$(\alpha^2 - a)$ ... etc., fût nul, c'est-à-dire à moins que la vibration

ne fût dirigée suivant un des axes de symétrie de là surface de l'onde.

Cependant, comme la vibration de Helmholtz diffère peu de celle de Fresnel, nous pourrons la regarder comme perpendiculaire au plan de polarisation.

En rétablissant dans les équations (5) (§ 137) le terme en R_1, que nous avions négligé, nous trouverons :

$$(10) \qquad (\rho_1 p^2 - \sqrt{-1}\, p R_1)\,\xi_1 + \frac{d\Pi}{d\xi_1} = 0,$$

ou

$$\frac{dQ}{d\xi_1} = 0$$

en posant :

$$Q = \Pi + \frac{\rho_1 p^2 - \sqrt{-1}\, p R_1}{2}\,(\xi_1^2 + \eta_1^2 + \zeta_1^2).$$

Nous trouverions de même :

$$\frac{dQ}{d\xi_1} = \frac{dQ}{d\eta_1} = \frac{dQ}{d\zeta_1} = 0.$$

D'autre part :

$$\frac{d\Pi}{d\xi} = \frac{dQ}{d\xi}$$

et l'équation (6) s'écrira encore

$$\rho\, \frac{d^2\xi}{dt^2} = \Delta\xi - \frac{d\theta}{dx} + \frac{dQ}{d\xi}.$$

Le reste du calcul se conduit absolument de même, et on arrive aux mêmes équations ; seulement, comme Q a des coefficients imaginaires, a, b, c et α^2 sont imaginaires.

L'exponentielle ε serait de la forme

$$\varepsilon = e^{\sqrt{-1}(h + \sqrt{-1}\,k)},$$

h dépendant de $lx + my + nz + pt$. k dépendant seulement de $lx + my + nz$, la partie réelle serait :

$$e^{-k} \cos h.$$

Il y aurait donc absorption.

151. Remarquons que dans tous les calculs qui précèdent nous nous sommes appuyés sur des hypothèses très particulières. D'abord nous avons supposé qu'il n'existait qu'une seule espèce de matière mobile ; nous avons représenté les composants du frottement par $-\,\mathrm{R}_1\,\dfrac{d\xi_1}{dt},\ -\,\mathrm{R}_1\,\dfrac{d\eta_1}{dt},\ -\,\mathrm{R}_1\,\dfrac{d\zeta_1}{dt}$, ce qui est admettre implicitement que le milieu est isotrope pour cette espèce de frottement ; il n'y a évidemment aucune raison pour qu'il en soit ainsi.

Cependant, nos équations eussent été changées en abandonnant ces hypothèses. Il aurait fallu poser :

$$Q = \Pi + \frac{\rho_1 p^2}{2}\,(\xi_1^2 + \eta_1^2 + \zeta_1^2) + \sqrt{-1}\,p\Pi'$$

Π' étant un polynôme du deuxième degré en ξ_1, η_1, ζ_1, les trois composantes du frottement auraient été représentées par des fonctions linéaires à coefficients constants de $\dfrac{d\xi_1}{dt}$, $\dfrac{d\eta_1}{dt}$, $\dfrac{d\zeta_1}{dt}$, en convenant que le tableau des coefficients fût

.symétrique par rapport à la diagonale principale :

$$a \frac{d\xi_1}{dt} + b \frac{d\eta_1}{dt} + c \frac{d\zeta_1}{dt}$$

$$b \frac{d\xi_1}{dt} + b' \frac{d\eta_1}{dt} + c' \frac{d\zeta_1}{dt}$$

$$c \frac{d\xi_1}{dt} + c' \frac{d\eta_1}{dt} + c'' \frac{d\zeta_1}{dt}.$$

La partie imaginaire de Q au lieu de se réduire à

$$\sqrt{-1}\, p R_1 \frac{d\xi_1}{dt},$$

serait un polynôme quelconque du deuxième degré en ξ_1, η_1, ζ_1.

S'il y avait plusieurs espèces de molécules mobiles, Q dépendrait des déplacements ξ_1, η_1, ζ_1..., ξ_n, η_n, ζ_n, de ces diverses sortes de molécules (voir § 142).

152. Lois de M. Becquerel. — Si nous faisons tourner un cristal de manière que l'orientation du plan d'onde par rapport aux sections principales varie d'une façon continue, le spectre se modifiera.

On peut faire deux hypothèses sur la manière dont se produira cette modification : ou bien les raies se déplaceront d'une façon continue, ou bien elles resteront fixes et leur intensité variera d'une façon continue.

Les expériences de M. Becquerel ont vérifié cette dernière hypothèse, par conséquent la position des raies doit dépendre seulement de p, non de l, m, n.

C'est en effet ce que nous montrera la théorie d'Helmholtz.

Rappelons que Helmholtz suppose que les coefficients de la

partie imaginaire de Q sont très petits d'ordre 3/2, les coefficients de la partie réelle étant regardés comme très petits du premier ordre.

Posons :

$$Q = Q_1 + Q_2 + Q_3 + \sqrt{-1}\,Q_4$$

Q_1 étant l'ensemble des termes homogènes du second degré en ξ, η, ζ et de degré 0 en ξ_1, η_1, ζ_1.....

Q_2 l'ensemble des termes de degré 1 par rapport à ξ, η, ζ et à ξ_1, η_1, ζ_1.....

$Q_3 + \sqrt{-1}\,Q_4$ comprenant les termes de degré 2 en ξ_1, η_1, ζ_1..... et de degré 0 en ξ, η, ζ.

Q_1, Q_2, Q_3, Q_4 sont réels, mais Q_4 est beaucoup plus petit que les autres. — Les équations

$$\frac{dQ}{d\xi_1} = 0 \,.....\qquad \frac{dQ}{d\xi_1} = 0$$

deviennent par exemple :

$$\frac{dQ_2}{d\xi_1} + \frac{dQ_3}{d\xi_1} + \sqrt{-1}\,\frac{dQ_4}{d\xi_1} = 0$$

ou :

$$\frac{dQ_3}{d\xi_1} = -\frac{dQ_2}{d\xi_1} - \sqrt{-1}\,\frac{dQ_4}{d\xi_1}$$

$$\frac{dQ_3}{d\eta_1} = -\frac{dQ_3}{d\eta_1} - \sqrt{-1}\,\frac{dQ_4}{d\eta_1}$$

$$\frac{dQ_3}{d\zeta_1} = -\frac{dQ_3}{d\zeta_1} - \sqrt{-1}\,\frac{dQ_4}{d\zeta_1},\ \text{etc.}$$

Ces équations permettent de déterminer ξ_1, η_1, ζ_1..... ξ_n, η_n, ζ_n, en fonction de ξ, η, ζ, elles sont linéaires. En effet :

$\dfrac{dQ_3}{d\xi_1}$ est du premier degré en ξ_1, η_1, ζ_1 et ne dépend pas de ξ, η, ζ.

$\dfrac{dQ_2}{d\xi_1}$ est du premier degré en ξ, η, ζ, et ne dépend pas de ξ_1, η_1, ζ_1.

$\dfrac{dQ_1}{d\xi_1}$, du premier degré en ξ_1, η_1, ζ_1, ne dépend pas de ξ, η, ζ.

Le premier membre des équations ne dépend donc que des inconnues, la partie réelle du second membre ne dépend que de ξ, η, ζ, enfin la partie imaginaire dépend des inconnues ; comme ce dernier terme est très petit, on pourra résoudre les équations par la méthode des approximations successives.

Dans le cas général, on peut se borner à la première opération : c'est-à-dire prendre les valeurs de ξ ..., obtenues en négligeant le terme imaginaire ; ces valeurs sont réelles, il n'y aura pas d'absorption.

Mais il n'en sera plus ainsi quand le déterminant des équations linéaires est nul ou seulement très petit. Dans ce cas les valeurs de ζ_1, η_1, ξ_1, données par la première opération sont très grandes, et quand on les substitue dans le terme correctif, ce terme n'est plus négligeable. Il y aura absorption.

Ecrivons que ce déterminant est nul. Nous avons :

$$Q_3 = \Pi_3 + \Sigma \rho_i \frac{p^2}{2} (\xi_i^2 + \eta_i^2 + \zeta_i^2)$$

il faut que le discriminant de cette forme quadratique soit nul : or cette forme dépend de p, mais non de l, m, n ; en écrivant que le discriminant est nul, nous aurons donc une équation qui sera non pas de la forme F $(p, l, m, n) = o$, mais de la forme

$$F (p) = o$$

Cette équation admettra comme racines un certain nombre de valeurs de p : ces valeurs de p correspondent aux radiations observées, c'est-à-dire aux raies fixes.

153. 2° Loi de M. Becquerel. — La grandeur du coefficient d'absorption ne dépend pas de la direction du plan de l'onde, mais seulement de celle de la vibration.

Il faut bien comprendre ce que cet énoncé signifie. En général, quand on se donne une vibration quelconque, elle peut se propager par un seul système d'ondes planes : car, si on se donne ζ, η, ξ, les équations (8) (§ 149) déterminent α, l, m, n. Mais si la vibration donnée est parallèle à un des axes de symétrie de la surface d'onde, elle peut correspondre à une infinité de plans d'onde : passant par cet axe, si en effet on a par exemple :

$$\eta = \zeta = o$$

les équations (8) seront satisfaites en posant :

$$\alpha^2 = a \qquad l = o \qquad 0 = o$$

le rapport $\dfrac{m}{n}$ qui détermine l'orientation du plan reste indéterminé.

Dans ce cas $\alpha^2 = a$ est indépendant de la direction du plan de l'onde, et par conséquent aussi le coefficient d'absorption qui est la partie imaginaire de α.

154. 3ᵉ Loi de M. Becquerel. — Chacune des vibrations dirigées suivant les trois axes principaux possède un coefficient d'absorption particulier.

Soient A l'amplitude de la vibration incidente; λ, μ, ν les cosinus des angles qu'elle fait avec les axes de symétrie. Décomposons-la en trois autres dirigées suivant les axes, les amplitudes de ces composantes seront respectivement :

$$A\lambda \qquad A\mu \qquad A\nu$$

Soient k_1, k_2, k_3, les coefficients propres à chacune de ces vibrations. Après avoir traversé l'épaisseur $u = lx + my + nz$ du cristal, leurs amplitudes seront réduites respectivement à :

$$A\lambda e^{-k_1 u}$$
$$A\mu e^{-k_2 u}$$
$$A\nu e^{-k_3 u}$$

Si nous les recomposons, leur résultante ne sera plus dirigée parallèlement à la vibration primitive. M. Becquerel admet que les composantes parallèles à cette direction sont seules efficaces. L'amplitude résultante, *c'est-à-dire la racine carrée de l'intensité*, sera donc :

$$A\lambda^2 e^{-k_1 u} + A\mu^2 e^{-k_2 u} + A\nu^2 e^{-k_3 u}.$$

Il a cherché une vérification expérimentale, en prenant un cristal d'épaisseur constante u et faisant varier λ, μ, ν; les résultats observés s'accordaient avec la loi.

La théorie de Helmholtz nous a conduit au contraire à représenter l'amplitude par une seule exponentielle :

$$e^{\sqrt{-1}\,au + \sqrt{-1}\,pt}$$

ou en posant :

$$\alpha = \alpha' + \sqrt{-1}\,\alpha''$$
$$e^{\sqrt{-1}\alpha'u + \sqrt{-1}pt - \alpha''u}$$

et en ne prenant que les parties réelles

$$e^{-\alpha''u} \cos(\alpha'u + pt).$$

L'amplitude est donc proportionnelle à $e^{-\alpha''u}$; α'' ne dépend pas de λ, μ, ν, cette formule ne peut donc nous représenter la loi de M. Becquerel.

Pour tirer une conclusion définitive il faudrait faire une autre série d'expériences en laissant μ, λ, ν constants et faisant varier u ; et vérifier si une formule contenant une seule exponentielle peut représenter les faits observés.

Enfin, pour une dernière remarque, supposons que la raie d'absorption disparaisse pour l'une des directions principales, ce qui arrive le plus souvent : on aura par exemple $k_3 = o$, et la formule de M. Becquerel devient :

$$A\lambda^2 e^{-K_1 u} + A\mu^2 e^{-K_2 u} + A\nu^2$$

Si u devient très grand, il reste $A\nu^2$: il n'y aurait donc jamais extinction complète, comme le ferait prévoir la théorie de Helmholtz.

En résumé, nous voyons que la théorie de Helmholtz explique un assez grand nombre de faits, mais qu'elle devrait être modifiée si les faits observés par M. Becquerel venaient à être confirmés par des expériences nouvelles [1].

(1) Depuis que cette leçon a été professée à la Sorbonne, la question a été reprise par MM. Carvallo et Potier. Il résulte de ces expériences nouvelles que l'intensité de la lumière transmise varie en fonction de l'épaisseur suivant une loi exponentielle, ainsi que l'exigeait la théorie de Helmholtz. Bien que l'exactitude des chiffres observés par M. Becquerel soit hors de doute, la loi qu'il avait énoncée n'est donc pas exacte, et c'est par hasard qu'elle s'est vérifiée pour les épaisseurs sous lesquelles il a observé. Ce hasard est d'autant plus surprenant qu'il s'est reproduit dans les premières expériences de M. Carvallo. Le problème nécessiterait de nouvelles études expérimentales.

CHAPITRE XII

POLARISATION ROTATOIRE.—THÉORIE DE M. MALLARD

155. La théorie que Fresnel a donnée du pouvoir rotatoire n'est pas, à proprement parler, une théorie physique, mais seulement la constatation d'une identité cinématique.

De même les théories d'Airy se réduisent à l'adjonction, aux équations des termes nécessaires pour faire concorder leurs conséquences avec les résultats observés.

Les expériences de Reusch sur les piles de mica ont donné l'idée d'autres théories, en particulier, de celle que nous allons exposer due à M. Mallard.

L'exposé de cette théorie comporte des calculs assez longs, que nous chercherons à simplifier, à l'aide de quelques considérations préliminaires.

Rappelons d'abord en quoi consistent les expériences de Reusch. Reusch empilait des lames de mica, très minces, à faces parallèles, identiques entre elles, de manière que la section principale d'une lame fît avec la section principale de la suivante un angle de 45° ou de 60°. Cet angle pourrait être quelconque : seulement ces deux valeurs particulières avaient été choisies parce qu'elles correspondaient à la symétrie quaternaire et à la symétrie ternaire. Le système ainsi obtenu possède le pouvoir rotatoire comme une lame de quartz perpendiculaire à l'axe.

Si la vibration incidente est rectiligne, la vibration émergente est en général elliptique : mais l'ellipse est fort allongée, d'autant plus allongée que les lames sont plus minces. Pour des lames très minces la polarisation elliptique est très faible, et les phénomènes se rapprochent d'autant plus de ceux du quartz.

Supposons que nous ayons ainsi une série de lames planes, à faces parallèles, empilées les unes sur les autres : nous prendrons comme plan des xy un plan parallèle à ceux des lames. Une onde lumineuse, parallèle à ce plan, tombant sur le système de lames ne subira pas de déviation et restera constamment parallèle à cette direction.

Soit une vibration située dans le plan de l'onde :

$$\xi = A e^{\sqrt{-1}\,pt}$$
$$\eta = B e^{\sqrt{-1}\,pt}.$$

(sur ces expressions imaginaires, voir chap. préc.). A sera en général une quantité imaginaire.

$$A = A_0 e^{\sqrt{-1}\,\varphi}$$

de même :

$$B = B_0 e^{\sqrt{-1}\,\psi}$$

A_0 et B_0 sont les amplitudes des vibrations ; φ, ψ leurs phases. Alors

$$\xi = A_0 \cos (pt + \varphi)$$
$$\eta = B_0 \cos (pt + \psi).$$

Le rapport $\dfrac{B}{A}$ sera aussi imaginaire en général, nous poserons donc :

$$\frac{B}{A} = u + \sqrt{-1}\, v$$

La valeur de ce rapport nous fait connaître la forme de l'ellipse et son orientation.

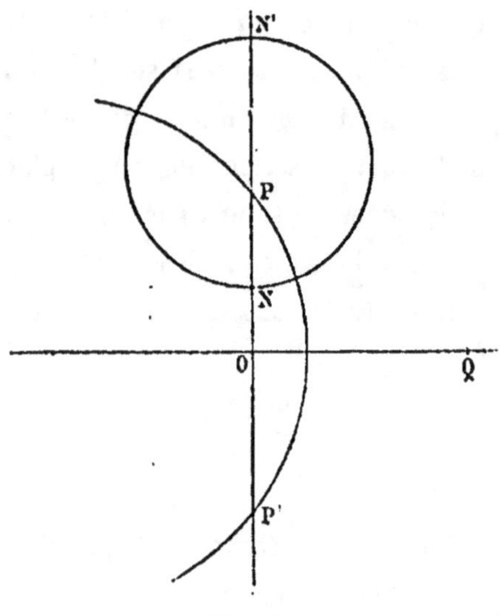

Fig. 41.

156. Mode de représentation des vibrations. — Nous représenterons les variations de cette ellipse par les déplacements de l'affixe de l'imaginaire $u + \sqrt{-1}\,v$, c'est-à-dire du point ayant u pour abscisse et v pour ordonnée (*fig.* 41).

Si $\dfrac{B}{A}$ est réel, $v = 0$, le point représentatif Q est sur l'axe des u : la vibration est rectiligne puisque $\dfrac{\eta}{\xi}$ est réel, l'angle de sa direction avec Ox étant θ, on a :

$$\frac{B}{A} = \tang \theta = u$$

Donc :

$$OQ = \tang \theta.$$

Si $\dfrac{B}{A}$ est purement imaginaire, les deux composantes présentent une différence de phase de $\dfrac{\pi}{2}$; la vibration est elliptique et ses axes sont dirigés suivant les axes de coordonnées. Le point représentatif N est sur l'axe des v. ON est le rapport des axes $\dfrac{B}{A}$.

Si on a $OP = 1$, le point P représente une vibration circulaire $\dfrac{B}{A} = \sqrt{-1}$, de même le point P' tel que $OP' = 1$ ou $\dfrac{B}{A} = -\sqrt{-1}$. La première vibration est droite, la deuxième est gauche.

D'une façon générale d'ailleurs, les points situés au-dessus de Ou ($v < o$) représentent des vibrations droites : les points situés au dessous ($v < o$), des vibrations gauches.

Supposons que le rayon vienne à traverser une lame cristallisée, dont les sections principales sont orientées suivant les axes de coordonnées : ξ et η se propagent avec des vitesses inégales ; leurs phases varient de quantités inégales, les modules A_0 et B_0 ne changent pas, mais $\dfrac{B}{A}$ change et devient par exemple

$$\frac{B}{A}\, e^{\sqrt{-1}\,\omega}.$$

Le point M′, qui représente la nouvelle vibration, sera donc tel que :

$$OM' = OM \qquad\qquad MOM' = \omega$$

Tout se passe comme si le plan avait tourné d'un angle ω autour du point O, ω étant la différence de phase introduite par la lame cristalline. Pour des rayons de même couleur, cette différence est proportionnelle à la différence des temps employés par les deux vibrations pour traverser la lame, par conséquent proportionnelle à l'épaisseur de la lame et à son pouvoir biréfringent $n - n'$.

Pour des rayons de couleurs différentes traversant une même lame, $n - n'$ est indépendant de la longueur d'onde si nous négligeons la dispersion ; la différence de temps est donc la même pour tous les rayons. Or ω est égal à 2π quand cette différence est égale à une période entière : ω est donc en raison inverse de la période, ou en raison inverse de la longueur d'onde.

157. Proposons-nous de chercher quel sera, dans le mode de représentation que nous avons adopté, le lieu des points correspondants à des vibrations dont on donne soit l'orientation des axes, soit le rapport des axes.

Pour trouver ces lieux, nous nous appuierons sur le théorème suivant :

THÉORÈME. — Soit une quantité complexe

$$w = u + \sqrt{-1}\, v = \frac{a + bt}{c + dt}$$

a, b, c, d étant des constantes imaginaires, t une variable réelle — Quand t varie de $-\infty$ à $+\infty$, le point (u, v) décrit un cercle.

Désignons en effet par a_0, b_0, c_0, d_0 les imaginaires conjuguées de a, b, c, d :

$$w_0 = u - \sqrt{-1}\, v = \frac{a_0 + b_0 t}{c_0 + d_0 t}.$$

D'où :

$$u^2 + v^2 = w w_0 = \frac{P_1}{(c + dt)(c_0 + d_0 t)} = \frac{P_1}{P_4}$$

$$u = \frac{w - w_0}{2} = \frac{P_2}{P_4}$$

$$v = \frac{w - w_0}{2\sqrt{-1}} = \frac{P_3}{P_4}$$

$$1 = \frac{P_4}{P_4}$$

p_1, p_2, p_3, p_4 étant des polynômes du second degré en t. Ces polynômes ne peuvent donc être indépendants et nous aurons une relation de la forme :

$$C_1 (u^2 + v^2) + C_2 u + C_3 v + C_4 = 0,$$

équation qui représente un cercle.

Cela posé, considérons les points qui représentent les ellipses ayant leurs axes dirigés suivant Ox', Oy', faisant un angle θ avec les axes de coordonnées.

Les projections des vibrations sur Ox' et Oy' sont :

$$\xi' = \xi \cos\theta + \eta \sin\theta = (A \cos\theta + B \sin\theta)\, e^{\sqrt{-1}\,pt}$$

$$\eta' = -\xi \sin\theta + \eta \cos\theta = (-A \sin\theta + B \cos\theta)\, e^{\sqrt{-1}\,pt}$$

Soit τ le rapport des axes :

$$\frac{-\,A \sin \theta + B \cos \theta}{A \cos \theta + B \sin \theta} = \sqrt{-1}\,\tau$$

ou comme :

$$\frac{B}{A} = u + \sqrt{-1}\,v$$

$$\frac{u + \sqrt{-1}\,v - \tan g\,\theta}{1 + (u + \sqrt{-1}\,v)\,\tan g\,\theta} = \sqrt{-1}\,\tau.$$

Si nous cherchons le lieu des points tels que $\theta = $ const, τ sera une variable réelle, liée à $u + \sqrt{-1}\,v$ par une relation homographique. Nous venons de voir que, quand τ varie de $-\infty$ à $+\infty$, le point (u, v) décrit un cercle. Ce cercle passera par les points P et P', précédemment définis (*fig.* 41). En effet, ces points représentent des vibrations circulaires, dont les axes ont une direction indéterminée.

Si nous laissons $\tau = $ const, c'est-à-dire si nous nous donnons la forme de l'ellipse et que nous fassions varier θ, c'est-à-dire l'orientation de cette ellipse, tang θ est encore une variable réelle liée à $u + \sqrt{-1}\,v$ par une relation homographique. Le point (u, v) décrit encore un cercle.

Si nous prenons $ON = \tau$, $ON' = \dfrac{1}{\tau}$, le cercle passera par ces points N et N', ces points correspondent à des ellipses ayant leurs axes dirigés suivant les axes de coordonnées : l'ellipse N' est égale à l'ellipse N, mais elle a tourné de 90°. Par raison de symétrie, NN' doit être un diamètre. Comme d'autre part

$$1 = ON \cdot ON' = \overline{OP}^2 = \overline{OP'}^2$$

les deux cercles NN' et PP' se coupent orthogonalement.

158. Il nous sera commode dans la suite de remplacer cette représentation plane par une représentation analogue sur la sphère; nous effectuerons cette transformation par une projection stéréographique, le plan des (u, v) étant le plan du tableau et l'origine O des coordonnées; uv, le point de contact de la sphère avec ce plan. Cette projection, comme on le sait, conserve les angles, et les cercles se projettent sur des cercles.

Au point M du plan correspond le po m où la droite VM rencontre la sphère. Nous conviendrons de représenter l'ellipse M par le point m (*fig. 42*).

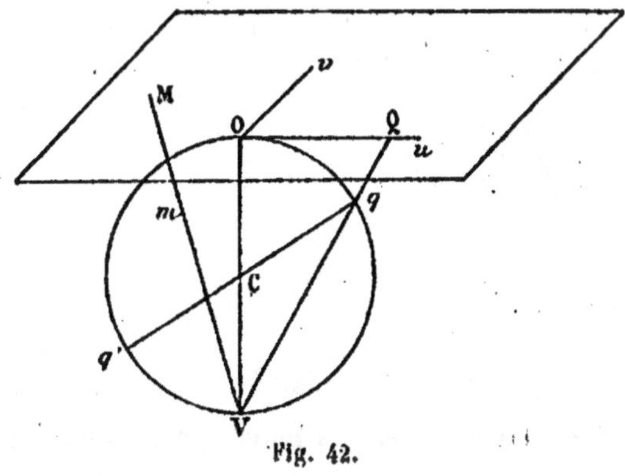

Fig. 42.

L'axe des u se projettera suivant un grand cercle passant par O et que nous appellerons équateur. Les points de l'équateur représenteront par conséquent les vibrations rectilignes.

Soient Q un point de l'axe des u, q sa projection sur la sphère,

$$OQ = \tang \theta$$

si nous prenons le diamètre de la sphère égal à 1, donc :

$$\theta = \widehat{OVq}$$
$$2\theta = \widehat{OCq}$$

l'angle O des axes de l'ellipse avec les axes de coordonnées sera donc égal à la demi-longitude du point q.

Deux points diamétralement opposés ont des longitudes qui diffèrent de π. Elles représentent donc des vibrations rectilignes rectangulaires entre elles.

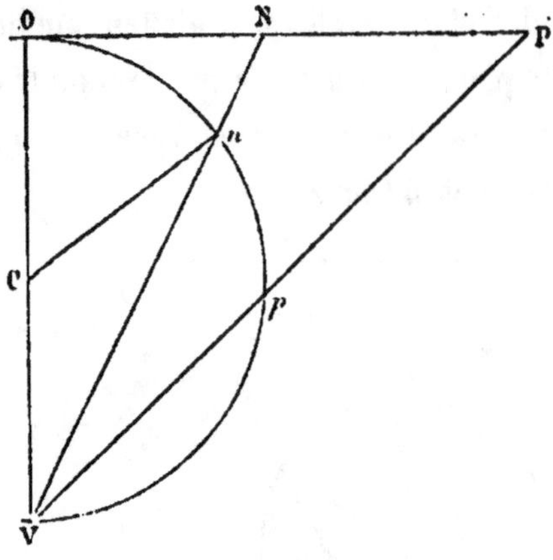

Fig. 43

Les points de l'axe des v se projettent sur un grand cercle perpendiculaire à l'équateur, que nous appellerons premier méridien. Un point N se projette en n (*fig.* 43)

$$\widehat{OCn} = l = \text{latitude}$$

$$\widehat{OVn} = \frac{l}{2}$$

$$ON = \text{tang}\,\frac{l}{2}$$

Le rapport des axes de l'ellipse représentée par le point n est donc égal à la tangente de la demi-latitude de ce point n.

Pour le point P, OP $=$ OV et par suite $\widehat{OVP} = 45°$, et

$OCp = 90°$. Le point P se projette donc au pôle p de l'équateur. Les deux pôles de l'équateur correspondent aux vibrations circulaires, les divers points du premier méridien, aux ellipses dont les axes sont divisés suivant les axes de coordonnées. Ces ellipses sont droites dans l'hémisphère nord, gauches dans l'hémisphère sud.

L'orientation des axes ne dépend que de la longitude. Les lieux des points tels que $\theta = $ const sont des cercles passant par p et p', c'est-à-dire des méridiens.

La forme de l'ellipse ne dépend que de la latitude; les lieux des points correspondant à une forme donnée sont des parallèles.

Supposons que le rayon lumineux traverse une lame biréfringente, mais dénuée de pouvoir rotatoire. Si les sections principales de la lame sont dirigées suivant les axes, tout se passe comme si le plan autour de O ou la sphère autour de OV tournaient d'un angle ω; les points O et V correspondent aux sections principales; l'azimut des axes de l'ellipse est proportionnel à la longitude. Mais les points O et V ne jouent aucun rôle particulier; quand on fait tourner les axes dans le plan des xy, cela revient simplement à changer l'origine des longitudes.

Considérons une lame dont les sections principales aient une direction quelconque, l'une correspondant par exemple au point q, l'autre au point q' diamétralement opposé, sur l'équateur; l'axe qq' jouera le même rôle que OV précédemment. Le résultat sera le même que si la sphère tournait de ω autour de qq'. Le passage à travers une lame correspond ainsi à une rotation autour d'un axe situé dans le plan de l'équateur.

Si la lame possède le pouvoir rotatoire, sans avoir le pouvoir biréfringent, comme une lame de quartz perpendiculaire à l'axe, l'ellipse conserve sa forme, mais son orientation change ; tout se passera comme si la sphère avait tourné d'un certain angle autour de pp' perpendiculaire au plan de l'équateur.

Si les deux effets de la biréfringence et du pouvoir rotatoire se superposent, les deux rotations de la sphère se composeront ; on peut alors les remplacer par une rotation autour d'un axe quelconque.

159. Application. Rôle des piles de mica. — Considérons une sphère dont le centre reste fixe ; on peut toujours faire passer cette sphère d'une position à l'autre par une rotation autour d'un axe convenablement choisi.

Supposons que la vibration traverse deux lames ; la première lame fera tourner la sphère autour de OV, par exemple, pour l'amener de la position (1) à la position (2) ; la seconde, autour de qq' pour l'amener de (2) à (3). Or on aurait pu passer directement de (1) à (3) par une seule rotation résultant des deux premières. Comme nous supposons les lames dénuées de pouvoir rotatoire, les axes des rotations composantes seront situés dans le plan de l'équateur ; mais, en général, il n'en sera pas de même de l'axe de la résultante, en disposant convenablement de nos lames, nous pourrons même obtenir que cet axe devienne pp'. Le système possédera alors le pouvoir rotatoire.

160. Notations. — Voici les notations dont nous ferons usage :

(AB) représentera la résultante des deux rotations (A) ... (B);
Il est aisé de voir que :

$$(AB) \neq (BA)$$

A^n représentera n fois la rotation A ; A^{-1}, A^{-n} représenteront des rotations égales à A et à A^n, mais en sens inverse.
On aura donc :

$$AA^{-1} = 1$$

1 représentera une rotation nulle.

Dans le cas de deux rotations successives autour de deux axes OV, qq', il est important de remarquer ce qui suit :

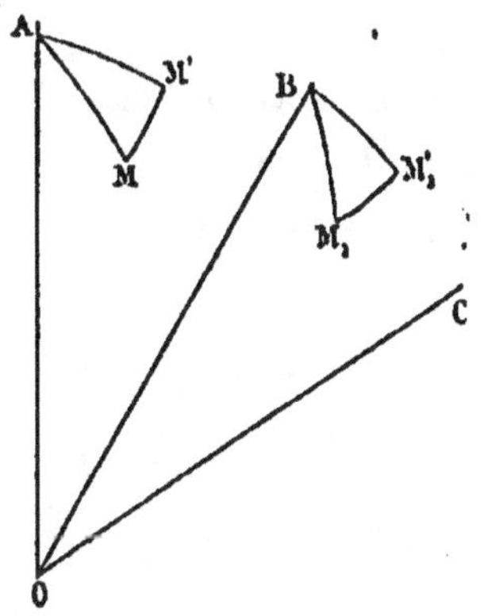

Fig. 44.

Nous effectuons d'abord la rotation (OV) et ensuite la rotation (qq'). Cette dernière doit se faire non pas autour de la nouvelle position d'une droite invariablement liée à la sphère, et qui coïncidait primitivement avec qq', mais bien autour de cette droite qq' considérée comme fixe dans l'espace.

Faisons tourner la sphère d'un angle ω autour de OC (*fig.* 44). Le point A vient en B : soient (A), (B), (C) des rotations égales à ω respectivement autour des axes OA, OB, OC. Considérons un point M. La rotation (A) l'amène en M'; le triangle AMM' est isocèle :

$$AM = AM' \qquad \widehat{MAM'} = \omega.$$

Je prends $BM_1 = AM$, la rotation (B) amène M_1 en M'_1, tel que :

$$BM'_1 = BM_1 \qquad \widehat{M_1 BM'_1} = \omega.$$

Je dis que :

$$B = C^{-1} AC.$$

En effet, puisque (C) amène AMM' sur $BM_1 M'_1$, (C^{-1}) amènera $BM_1 M'_1$ sur AMM', et BM_1 sur AM. (A) amène AM sur AM' et (C) fait coïncider AM' avec BM'_1 par hypothèse. Le résultat est donc d'avoir amené BM_1 sur BM'_1, ce qu'on aurait obtenu directement par la rotation (B).

161. Dans les piles de Reusch, puisque les sections principales de chaque lame font avec les sections principales de la lame précédente un angle de 60°, la quatrième lame est orientée comme la première, la cinquième comme la deuxième, et la sixième comme la troisième. La pile est donc formée d'une série de paquets de trois lames identiques entre eux.

Supposons que la lumière tombe normalement sur cette pile.

D'après nos conventions (§ 156), les sections principa-

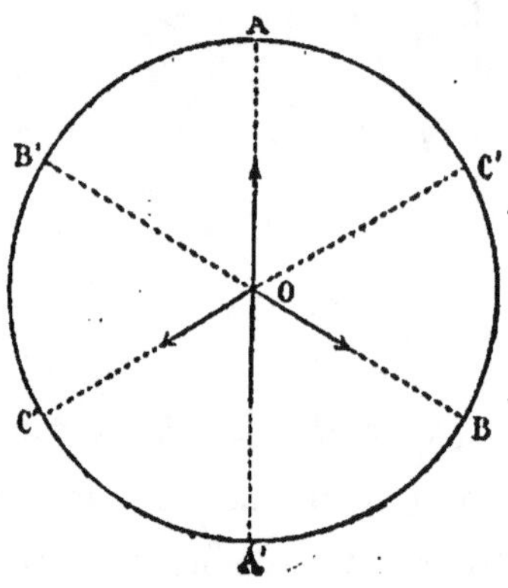

Fig. 45.

les de la première lame sont représentées par deux points, tels que A et A' (*fig.* 45); celles de la seconde lame par B et B', tels que $AB = A'B' = 120°$; celles de la troisième par C et C', tels que

$BC = B'C' = 120°$; ensuite ces points se reproduisent de trois lames en trois lames. Le passage à travers chaque lame équivaut à une rotation ω autour de AA' pour la première, de BB' pour la seconde, de CC' pour la troisième, soit pour chaque paquet une rotation résultante (ABC); et, s'il y a $3p$ lames ou p paquets, l'effet total de la pile sera une rotation $(ABC)^p$.

Considérons l'axe PP' perpendiculaire au plan de l'équateur, et faisons tourner la sphère de $120°$ autour de cet axe : cette rotation S amène AA' en BB', BB' en CC', etc. Une rotation S^2 sera de $240°$, et amènera AA' en CC', etc. ; enfin une rotation S^3 sera de $360°$, et ramènera la sphère à sa position primitive. D'après nos notations, nous poserons donc :

$$S = 120° \qquad S^{-1} = -120°$$
$$S^2 = 240° \qquad S^{-2} = -240°$$
$$S^3 = 1$$

B est une rotation autour de l'axe BB', obtenu en faisant tourner AA' de $120°$ autour de PP'. Appliquons le lemme que nous avons démontré :

$$B = S^{-1} AS,$$

et de même

$$C = S^{-2} AS^2.$$

D'où :

$$ABC = AS^{-1} ASS^{-2} AS^3,$$

mais on a évidemment :

$$S^2 = S^3, \; S^{-1} = S^{-1},$$

et par conséquent

$$ABC = AS^{-1}.\ AS^{-1}\ AS^{-1} = (AS^{-1})^3$$
$$(ABC)^p = (AS^{-1})^{3p}.$$

Telle est la valeur de la rotation totale. L'axe de rotation est le même que celui de AS^{-1}, et cet axe diffère très peu de PP′.

En effet, ω est très petit, puisque l'épaisseur de la lame est infiniment petite : la rotation A est donc très petite ; au contraire S^{-1} est finie. L'axe de la rotation résultante différera très peu de l'axe PP′ de la composante finie, d'autant moins que ω sera plus petit, c'est-à-dire que les lames seront plus minces. Tout revient donc à une rotation autour de PP′. Des effets d'une pile de Reusch différeront très peu de ceux d'une lame possédant le pouvoir rotatoire, mais sans biréfringence (lame normale à l'axe).

Si l'axe de rotation était exactement PP′, une vibration incidente rectiligne donnerait une vibration émergente rectiligne ; en réalité la vibration émergente sera elliptique : l'ellipticité sera d'autant plus faible que l'axe sera moins écarté de PP′, c'est-à-dire que les lames seront plus minces.

162. La rotation AS^{-1} différant très peu de S^{-1}, posons :

$$AS^{-1} = -\ 120° + \varepsilon,$$

il vient

$$(AS^{-1})^3 = -\ 360° + 3\varepsilon = 3\varepsilon.$$

La rotation $(AS^{-1})^3$ est donc infiniment petite. De plus, si on regarde ω comme un infiniment petit du premier ordre, ε sera du second ordre, comme nous allons l'établir.

On démontre en cinématique qu'on peut représenter une vitesse de rotation par un vecteur porté sur l'axe et proportionnel à la vitesse angulaire ; quand un corps est animé simultanément de plusieurs vitesses, la vitesse résultante est représentée par la somme géométrique de leurs vecteurs ; on en déduit qu'on peut composer par la même règle les rotations infiniment petites, *en négligeant les infiniment petits du second ordre.*

Appliquons cette règle au cas qui nous occupe, ω étant infiniment petit du premier ordre, les rotations sont infiniment petites, nous les représenterons par des vecteurs proportionnels à ω, dirigés suivant OA, OB, OC. Ces trois vecteurs seront égaux, et, comme ils font entre eux un angle de 120°, leur résultante est nulle, ou mieux est infiniment petite du second ordre : ϵ est donc du second ordre et par suite proportionnel à ω^2 ; en négligeant les termes d'ordre supérieur, comme ω varie en raison inverse de λ, ϵ sera sensiblement en raison inverse de λ^2, il en sera de même de la rotation totale $3p\epsilon$. La rotation du plan de polarisation varie donc sensiblement en raison inverse du carré de la longueur d'onde, ce qui est conforme à l'expérience.

168. Nous avons dit que nos conclusions étaient d'autant plus exactes que les lames étaient plus minces. Cependant, si la double réfraction n'est pas très intense, ce qui est le cas le plus général, on ne peut diminuer indéfiniment l'épaisseur attribuée à ces lames.

En effet soit un cristal qui fait tourner le plan de polarisation d'un angle fini $3p\epsilon$: si l'épaisseur des lames devient deux fois plus petite, leur nombre devient deux fois plus grand, mais ω se change en $\frac{\omega}{2}$ et ε en $\frac{\varepsilon}{4}$; la rotation du plan de polarisation est divisée par 2, elle est donc proportionnelle à l'épaisseur des lamelles et tend vers 0 en même temps que cette épaisseur.

Tous les raisonnements qui précèdent peuvent s'appliquer à un cas plus général, celui où chaque paquet comprend n lames, faisant entre elles un angle $\frac{\pi}{n}$: sauf pour $n = 2$, parce que dans ce dernier cas les rotations produites par deux lames consécutives se détruisent.

164. Les expressions symboliques A, B, C... S, que nous avons introduites, sont susceptibles d'une interprétation physique.

En effet appelons A la première lame du paquet, B la deuxième, C la troisième, etc. Soit S une lame dénuée de double réfraction, mais douée du pouvoir rotatoire qui fait tourner le plan de polarisation de 60°; S^2, S^3, des lames d'épaisseur double, triple faisant tourner ce plan de 120°-180°; S^{-1}, S^{-2}, S^{-3}, des lames respectivement de même épaisseur que S^1, S^2, S^3, mais possédant un pouvoir rotatoire de sens inverse.

L'égalité symbolique

$$B = S^{-1} AS,$$

par exemple signifiera que la lame B équivaut au système des trois lames S^{-1}, A, S.

En effet, B et A sont identiques, à l'orientation près: A a tourné de — 60° par rapport à B. Une vibration elliptique E traversant B se transforme en une autre E_1.

La même vibration E, si elle traverse S^{-1}, conserve sa forme,

mais tourne de — 60°, elle se présente à A comme E se présentait
à B, et se transforme par son passage à travers A en E_1', qui
a la même forme que E_1, mais a tourné de — 60° par rapport
à E_1 ; E_1', en traversant S, tourne de 60° sans changer de
forme et vient par conséquent coïncider avec E_1.

Grâce à cet artifice on pourrait présenter les raisonnements
du n° 159 sans se servir de notre mode particulier de représentation géométrique.

165. Cas général. — Supposons que la lumière traverse
une série de paquets, formés de lames quelconques, mais tous
identiques entre eux et orientés de même.

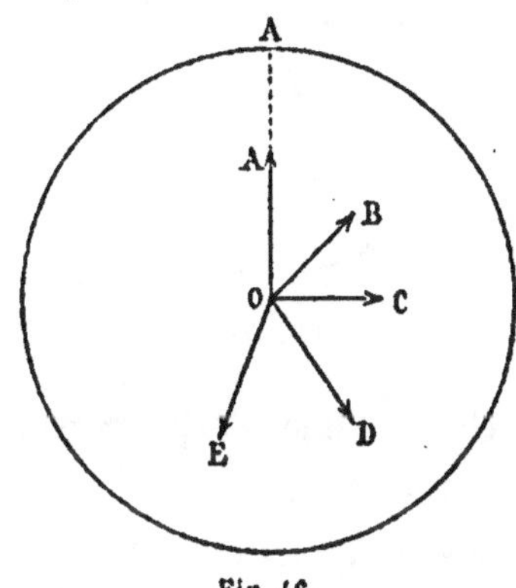

Fig. 46.

La première lame donne
une rotation infiniment petite ω ; nous prenons OA
(*fig.* 46) proportionnel à ω ;
la seconde, une rotation ω
que nous représentons par
OB, etc.

Pour avoir l'effet du pa-
quet, il faut composer ces
rotations, en négligeant les
infiniment petits du second

ordre. La résultante n'est plus nulle : par conséquent un tel
paquet donne une rotation très petite du premier ordre,
comme une lame unique.

Cette rotation sera du second ordre seulement pour certaines
directions du rayon incident ; pour ces directions, ou axes
optiques, le paquet se comporte comme une lame unique tail-
lée perpendiculairement à l'axe.

Supposons d'abord que la direction du rayon diffère notablement de celle de l'axe optique. La résultante sera du premier ordre, et on l'obtiendra, aux infiniment petits du second ordre près, en composant les rotations élémentaires. La résultante fera avec le plan de l'équateur un angle infiniment petit, il n'y aura pas de pouvoir rotatoire sensible.

Prenons pour plan de la figure un plan perpendiculaire à celui de l'équateur (*fig.* 47) : soient MM' situés sur l'équateur et représentant des vibrations rectilignes. Si une de ces vibrations traverse un grand nombre de paquets, le point M va décrire un cercle très petit ayant Q pour pôle ; il ne s'écartera donc jamais beaucoup de l'équateur.

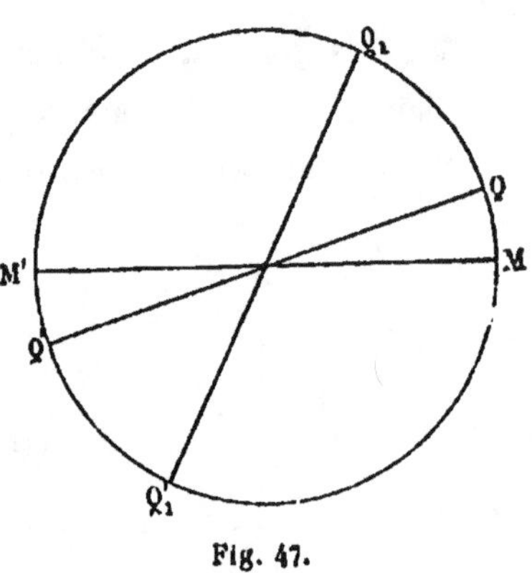

Fig. 47.

Il n'y aura donc pas d'ellipticité sensible, l'expérience est impuissante à déceler cette oscillation de M.

Ceci explique pourquoi le pouvoir rotatoire n'est sensible qu'au voisinage des axes.

Si la direction du rayon incident diffère peu de celle d'un axe optique, la résultante sera infiniment petite du deuxième ordre et fera un angle fini avec le plan de l'équateur ; l'axe de rotation sera tel que $Q_1 Q'_1$; les points Q_1 et Q'_1 resteront fixes. Ces points représentent donc deux vibrations elliptiques susceptibles de se propager sans altération. Pour obtenir l'effet du paquet sur une vibration quelconque, on pourra décomposer celle-ci en deux vibrations composantes représentées par les points Q_1 et Q'_1, faire propager séparément ces deux composantes et les recomposer à la sortie. Les points Q_1 et Q'_1 sont diamétralement opposés, leurs longitudes diffèrent de 180°, et leurs latitudes sont égales en valeur absolue. Les deux vibrations sont donc de sens contraire, leurs axes correspondants sont perpendiculaires, et les deux ellipses sont semblables.

Quand l'axe de rotation MM' est situé dans le plan de l'équateur, les vibrations rectilignes M et M' se propagent sans altération, puisque la rotation autour de MM' ne modifie pas la position des deux points M et M', il y a seulement double réfraction.

Si le rayon se propage suivant l'axe optique, la rotation se fait autour de PP'; les vibrations P et P' se transmettent sans altération, ce sont les vibrations circulaires.

Nous retrouvons ainsi les vibrations privilégiées, dont la considération sert de base aux théories de Fresnel, de Cauchy et d'Airy.

166. Hypothèse de M. Quesneville. — Bien que la considération de deux composantes elliptiques privilégiées suffise à rendre compte des phénomènes observés, M. Quesneville suppose que la vibration elliptique incidente se décompose en quatre autres, qui se propagent sans altération, mais avec quatre vitesses différentes.

Le quartz est trop faiblement biréfringent pour que les observations permettent de décider entre cette théorie et les précédentes; mais on peut réaliser artificiellement un cristal fortement biréfringent et doué du pouvoir rotatoire, en plaçant, comme l'a fait M. Quesneville, un spath dans un champ magnétique uniforme tel que les lignes de force soient parallèles à l'axe du cristal. Il dit que les résultats des expériences ne sont pas d'accord avec les anciennes théories et sont mieux expliqués par la sienne.

Ceci ne doit pas nous surprendre. Remarquons en effet que la nouvelle théorie dispose de quatre constantes arbitraires au lieu de deux, comme les anciennes théories. Ensuite les propriétés que le spath acquiert dans le champ magnétique ne peuvent être absolument assimilées à celles que le quartz possède naturellement. En effet, quand un rayon traverse un quartz parallèlement à l'axe, le plan de polarisation tourne dans un certain sens, vers la droite par exemple, que le rayon d'ailleurs se propage dans un sens ou dans l'autre. Au contraire, si le rayon traverse le spath, le plan de polarisation tourne toujours dans le sens du courant qui engendre le champ magnétique ; si dans un cas il tourne à droite du rayon, en changeant le sens de la propagation il tournera à gauche de ce rayon. Le spath et le quartz ne se comportent donc plus de même quand l'inclinaison du rayon sur l'axe varie de π, les rotations deviennent de sens contraire ; il est donc à prévoir que pour une inclinaison intermédiaire α leurs propriétés seront différentes ([1]).

167. Détermination du pouvoir rotatoire et du pouvoir biréfringent d'un paquet. — Considérons une pile de lames, formée de paquets identiques entre eux et orientés de même. L'effet de chaque lame se traduit, dans la mode de représentation que nous avons adoptée, par une rotation ; pour avoir l'effet du paquet, il faut composer ces rotations.

____

([1]) Depuis la clôture du cours, M. Quesneville a publié de nouvelles expériences portant sur le quartz lui-même.

Prenons le plan de l'équateur comme plan de la figure. Nous supposerons d'abord, pour simplifier, qu'il y ait trois lames seulement. Les effets de chacune de ces lames seront

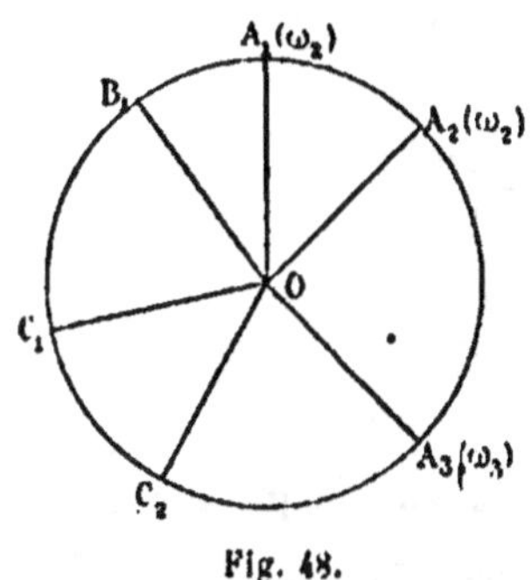

Fig. 48.

représentés respectivement par des rotations ω_1 autour d'un axe OA_1, ω_2 autour de OA_2, ω_3 autour de OA_3 (*fig.* 48).

Ces trois rotations peuvent être remplacées par une rotation φ autour de l'axe PP' perpendiculaire au plan de l'équateur, et une rotation ω' autour d'un axe situé dans ce plan. La première correspond au pouvoir rotatoire, la seconde à la biréfringence du paquet.

Nous voulons déterminer ces deux rotations ou, ce qui revient au même, les deux rotations qui ramèneraient la sphère dans sa position primitive.

Tous les axes de rotation passent par le centre; la sphère est donc un corps mobile autour d'un point fixe. On sait que le mouvement d'un pareil corps peut se réduire au roulement sur un cône fixe (ou base) d'un cône invariablement lié au corps mobile (roulette). La génératrice de contact est l'axe

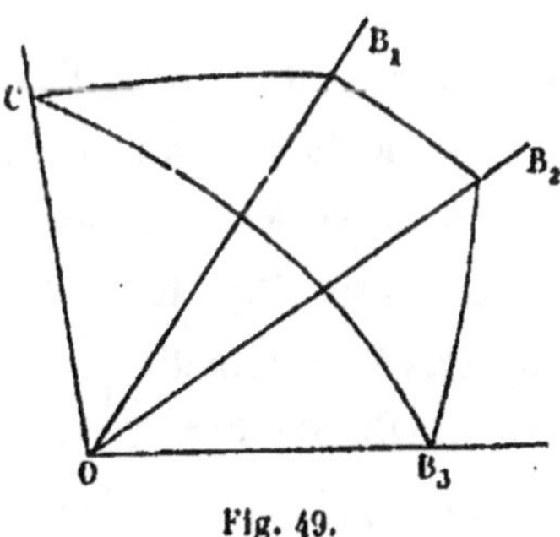

Fig. 49.

instantané de rotation. Ici tous ces axes sont dans le plan de l'équateur; ce plan constitue donc la base. Comme nous ne considérons que des rotations finies, la roulette sera un angle polyèdre, que nous construirons de la manière suivante (*fig.* 49).

$$\text{dièdre } OB_1 = \pi - \omega_1$$
$$\widehat{B_1OB_2} = \widehat{A_1OA_2}$$
$$\text{dièdre } OB_2 = \pi - \omega_2$$
$$\widehat{B_2OB_3} = A_2OA_3$$
$$\text{dièdre } OB_3 = \pi - \omega_3.$$

En faisant rouler cet angle solide sur l'équateur, nous reproduirons le mouvement de la sphère. Supposons en effet qu'au début le plan COB_1 coïncide avec celui de l'équateur, OB_1 coïncidant avec OA_1. Faisons tourner l'angle polyèdre autour de OB_1 d'un angle ω_1 ; le plan B_1OB_2 vient s'appliquer sur celui de l'équateur, de manière que OB_2 vienne sur OA_2, puisque $\widehat{B_1OB_2} = \widehat{A_1OA_2}$. La seconde rotation ω_2 se fait autour de OB_2 confondu avec OA_2 et amène le plan B_2OB_3 sur l'équateur en A_2OA_3, puisque $\widehat{B_2OB_3} = \widehat{A_2OA_3}$. Enfin la troisième rotation ω_3 amène COB_3 sur l'équateur en A_3OC_2. Les faces de la pyramide sont ainsi venues s'appliquer successivement sur l'équateur ; il faut maintenant, pour ramener la sphère à sa situation primitive, effectuer une rotation autour de OC_2, rotation égale à ω' si le dièdre OC_2 est $\pi - \omega'$, de façon à appliquer le plan CO_2B_1 sur l'équateur. OB_1 vient en OB_1', puis faire tourner l'angle C_2OB_1' autour de l'axe PP' perpendiculaire à l'équateur, d'un angle $C_2OC_1 = B_1'OB_1 = \varphi$.

L'angle ω' représente le pouvoir biréfringent du paquet, φ son pouvoir rotatoire, le point C_2 correspond à un azimut qui est celui de la section principale du paquet. L'angle

$\varphi = C_2 OC_1$ est égal à l'excès de quatre droits sur la somme des faces de l'angle polyèdre. Considérons l'intersection de cet angle polyèdre avec la sphère ; c'est un quadrilatère sphérique $C_1 B_1 B_2 B_3$. Les côtés de ce quadrilatère sont respective-ment $B_1 B_2 = \widehat{A_1 OA_2}$, $B_2 B_3 = A_2 OA_3 \ldots$ c'est-à-dire égaux

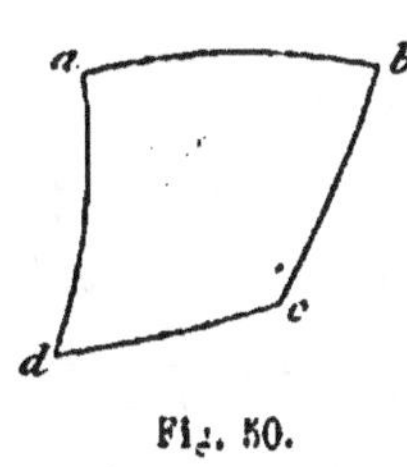

Fig. 50.

aux doubles des angles que font entre elles les sections principales de deux lames consécutives. Ses angles sont $\pi - \omega_1$, $\pi - \omega_2 \ldots$ etc., et ses angles extérieurs ω_1, $\omega_2 \ldots$ etc. La somme de ses côtés est $2\pi - \varphi$.

Considérons le quadrilatère polaire de celui-là (*fig.*50). Soit :

a le pôle de CB_1		B_1 le pôle ab	
b	—	$B_1 B_2$	B_2 — bc
c	—	$B_2 B_3$	etc.
d	—	$B_3 C$	

D'après un théorème bien connu :

$$ab = \omega_1 \qquad bc = \omega_2 \qquad cd = \omega_3 \qquad da = \omega'$$
$$b = \pi - B_1 OB_2, \text{ etc.}$$

La construction du polygone polaire nous fait donc con-naître ω' ou la première résultante.

D'autre part, la somme des angles extérieurs du polygone polaire est :

$$B_1 OB_2 + B_2 OB_3 + \ldots = 2\pi - \varphi,$$

φ est donc l'excès sphérique de ce polygone, et par consé-quent est proportionnel à sa surface.

Quand les côtés $\omega_1 \ldots \omega'$ du polygone sont infiniment petits, ce polygone peut être assimilé à un polygone plan. Nous retrouvons la construction que nous avons faite en appliquant à la composition des rotations la règle du polygone (§ 160). Si les côtés du polygone sont regardés comme des infiniment petits du premier ordre, φ qui est proportionnel à la surface sera infiniment petit du second ordre.

158. Variation de phase produite par le passage à travers une pile de lames. — Nous avons décomposé la vibration en ses composantes situées dans le plan de l'onde :

$$\xi = A e^{\sqrt{-1}\,pt}$$
$$\eta = B e^{\sqrt{-1}\,pt}$$

et nous nous sommes préoccupés jusqu'ici seulement d'étudier la variation du rapport $\dfrac{B}{A}$, sans avoir égard aux variations séparément éprouvées par B et par A.

Quand la lumière aura traversé une pile, A et B seront devenus A' et B'; mais ces nouvelles valeurs seront des fonctions linéaires des anciennes.

$$A' = \alpha A + \beta B$$
$$B' = \gamma A + \delta B.$$

α, β, γ, δ étant des constantes qui dépendent seulement de la nature du paquet.

Tout se passe, nous l'avons vu, comme si la vibration se décomposait en deux vibrations elliptiques, semblables et rectangulaires, se propageant sans altération de forme, mais avec des vitesses différentes.

Donnons à A et à B les valeurs correspondant à l'une de ces vibrations privilégiées. Après le passage la phase a changé, mais le rapport $\frac{B}{A}$ a conservé même valeur :

$$\frac{A'}{A} = \frac{B'}{B} = e^{\sqrt{-1}\,\varphi}.$$

De même pour l'autre :

$$\frac{A'}{A} = \frac{B'}{B} = e^{\sqrt{-1}\,\psi}.$$

Ce que nous avons déterminé par les calculs qui précèdent, c'est la différence $\varphi - \psi$, mais non ψ et φ ; en particulier la somme $\theta = \frac{\varphi + \psi}{2}$ qui donne la durée moyenne du passage à travers le paquet n'a pas été calculée.

Des équations :

$$A' = \alpha A + \beta B = A e^{\sqrt{-1}\,\varphi}, \text{ etc.}$$

ou

$$A\,(\alpha - e^{\sqrt{-1}\,\varphi}) + \beta B = 0$$
$$\gamma A + (\delta - e^{\sqrt{-1}\,\varphi})\,B = 0$$

on déduit en éliminant A et B :

$$\begin{vmatrix} \alpha - e^{\sqrt{-1}\,\varphi} & \beta \\ \gamma & \delta - e^{\sqrt{-1}\,\varphi} \end{vmatrix} = 0.$$

De même pour les équations en $e^{\sqrt{-1}\,\psi}$; $e^{\sqrt{-1}\,\varphi}$ et $e^{\sqrt{-1}\,\psi}$ sont donc les racines de l'équation

$$\begin{vmatrix} \alpha - S & \beta \\ \gamma & \delta - S \end{vmatrix} = 0.$$

Le produit des racines est égal à :

$$e^{\sqrt{-1}\,\varphi}.\ e^{\sqrt{-1}\,\psi} = \alpha\delta - \beta\gamma = e^{\sqrt{-1}\,2\vartheta}.$$

La valeur de ϑ dépend seulement du déterminant de la substitution linéaire. Si le rayon traverse successivement plusieurs lames, à chaque lame correspond une substitution linéaire : la résultante sera encore une substitution linéaire dont le déterminant est égal au produit des déterminants relatifs à chaque substitution. La différence moyenne de phase due au paquet tout entier sera donc simplement la somme des différences moyennes de phase partielles.

159. Surface de l'onde dans une pile de lames. — Soit un paquet formé de lames infiniment minces, son pouvoir rotatoire est négligeable. Le paquet se comporte-t-il alors comme un cristal simple, et la propagation de la lumière dans ce système obéit-elle aux lois de Fresnel ? M. Mallard a résolu cette question en montrant que les lois de Fresnel sont encore applicables, pourvu toutefois que chaque lame ne soit que faiblement biréfringente.

Pour reproduire, cette démonstration à l'aide de notre représentation géométrique, rappelons d'abord comment est définie la surface d'onde de Fresnel. Le plan de l'onde coupe l'ellipsoïde d'élasticité suivant une certaine ellipse dont les axes correspondent aux vibrations rectilignes non altérées. On mène par le centre de l'ellipse une normale à son plan : et on porte sur cette normale des longueurs inversement proportionnelles aux axes ; par les points obtenus on mène des plans parallèles au plan de l'onde : la surface de l'onde est l'enveloppe de ces plans. Les vitesses de propagation normale au plan d'onde sont en raison inverse des axes de l'ellipse.

Considérons une lame simple : soit θ la différence moyenne de phase due à cette lame; soit OA_1 (*fig.* 51) la rotation correspondant à cette lame (cette rotation dépendra non seulement de la lame, mais de l'orientation du plan de l'onde ;

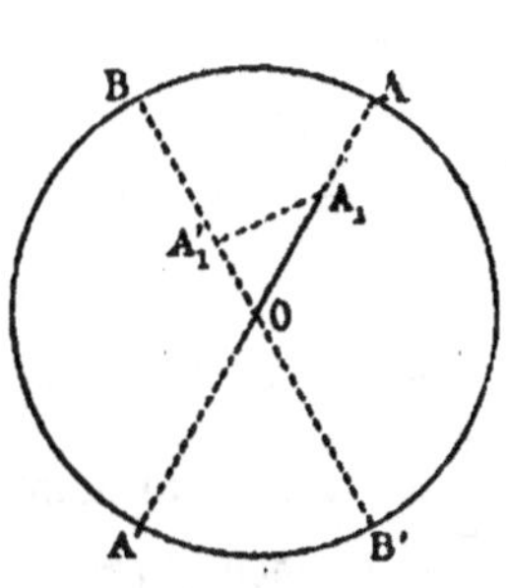

Fig. 51.

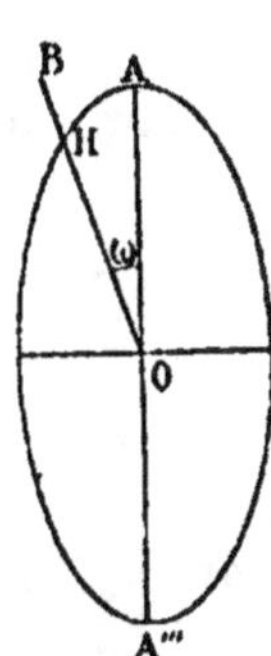

Fig. 52.

mais, pour une même orientation de ce plan, la composition des rotations dues à diverses lames se fait d'après les lois étudiées en détail dans ce chapitre). Les points A et A' représentent l'azimut des axes de l'ellipse : soit B un point correspondant à un azimut quelconque ω :

$$\widehat{BOA} = 2\omega.$$

Prenons sur OB (*fig.* 52) une longueur :

$$\rho = OH = \frac{\theta}{e} + \frac{OA'_1}{2e},$$

e étant l'épaisseur de la lame estimée normalement au plan de l'onde, OA'_1 la projection de OA_1 sur OB.

$$OA'_1 = OA_1 \cos 2\omega.$$

$$(1) \qquad \rho = \frac{\theta}{e} + \frac{OA_1}{2e} \cos 2\omega.$$

Si la lame est très peu biréfringente et que OA_1 soit très petit, cette courbe peut être assimilée à une ellipse.

Pour l'un des axes de l'ellipse, $\omega = 0$.

$$\rho = \frac{\theta}{e} + \frac{OA_1}{2e} = \frac{\varphi + \psi}{2e} + \frac{\varphi - \psi}{2e} = \frac{\varphi}{e}.$$

Pour l'autre axe

$$\rho = \frac{\theta}{e} - \frac{OA_1}{2e} = \frac{\varphi + \psi}{2e} - \frac{\varphi - \psi}{2e} = \frac{\psi}{e},$$

$\frac{\psi}{e}$ et $\frac{\varphi}{e}$ sont en raison inverse de la vitesse de propagation des ondes. Si OA_1 est très petit, la courbe, lieu du point H, est une ellipse aux infiniment petits près du second ordre.

Ainsi les axes de l'ellipse représentée par l'équation (1) sont orientés comme les deux vibrations rectilignes qui, dans le plan d'onde considéré, sont susceptibles de se propager sans altération, et les longueurs de ces axes sont en raison inverse des vitesses de propagation. En d'autres termes, cette ellipse (1) n'est autre chose que la section faite par le plan de l'onde dans l'ellipsoïde d'élasticité.

On raisonnerait de même pour la deuxième lame. Soit θ' la différence moyenne de phase due à cette lame, OA_2 la rotation correspondant à cette lame, OA_2' sa projection sur OB. On construira notre courbe en portant sur OB une longueur.

$$(2) \qquad \rho' = \frac{\theta'}{e'} + \frac{OA_2'}{2e'}.$$

160. Pour le paquet formé de ces deux lames on pourrait encore construire une courbe analogue. Soit en effet θ'' la différence moyenne de phase due au paquet, OA_3 la rotation résultante due au paquet, OA_3' sa projection sur OB. On obtiendra la courbe correspondant au paquet en portant sur OB une longueur

$$(3) \qquad \rho'' = \frac{\theta''}{e + e'} + \frac{OA_3'}{2(e + e')}$$

La courbe ainsi construite jouera par rapport au paquet le même rôle que la courbe (1) par rapport à la première lame; je veux dire que le maximum et le minimum du rayon vecteur correspondront comme direction à celles des deux vibrations qui se propagent sans altération et comme longueur aux inverses des vitesses de propagation.

Il me reste donc, pour montrer que les lois de la double réfraction ne sont pas altérées, à faire voir que cette courbe (3) engendre une surface quand on fait varier l'orientation du plan de l'onde, et en second lieu que cette surface est un ellipsoïde, qui sera l'ellipsoïde d'élasticité résultant. Or on a :

$$\theta'' = \theta + \theta', \qquad OA_3' = OA_1' + OA_2'$$

et par conséquent,

$$\rho'' = \frac{e\rho + e'\rho'}{e + e'}.$$

Donc, pour obtenir la courbe résultante, je considère les points A et B des courbes (1) et (2) situés sur la direction OB (*fig.* 53), je partage AB en parties inversement proportionnelles à e et e' soit C le point obtenu.

$$OC = \rho''.$$

Le rapport $\dfrac{e'}{e}$ est constant ; en effet les épaisseurs e et e' sont estimées *normalement au plan de l'onde :* elles varient donc avec l'orientation de ce plan, mais elles varient dans *un même rapport.*

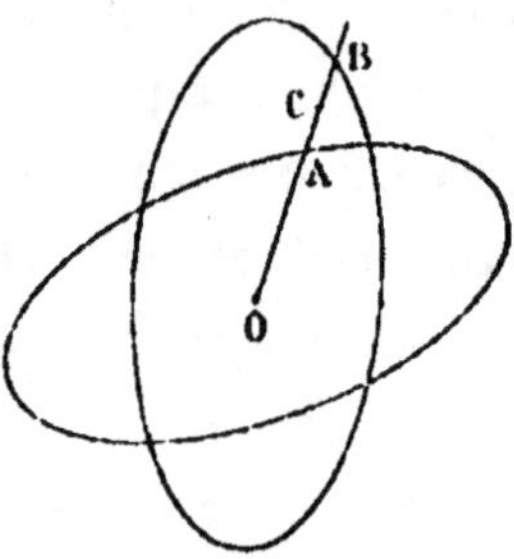

Fig. 53.

Chacune des courbes (1) et (2) engendre un ellipsoïde quand l'orientation du plan de l'onde change. On obtiendra donc la surface engendrée par la courbe (3) par cette même construction, c'est-à-dire que l'on aura :

$$(e + e')\, \rho'' = \rho e + \rho' e',$$

ρ, ρ' et ρ'' étant les rayons vecteurs des surfaces engendrées par les courbes (1), (2) et (3).

La courbe (3) engendre donc bien une surface ; je dis que cette surface est un ellipsoïde.

En effet considérons un plan quelconque passant par le point O, je vais faire voir que la section faite par ce plan dans la surface, lieu des points C, c'est-à-dire la courbe (3), elle-même est une ellipse.

Pour la première ellipse, qui est la courbe (1), on a en la

rapportant des axes quelconques

$$\rho = A + B \cos 2\omega + C \sin 2\omega,$$

et pour la seconde

$$\rho' = A' + B' \cos 2\omega + C' \sin 2\omega.$$

ρ'' sera encore de même forme, et comme ses composantes, la courbe résultante différera aussi très peu d'une ellipse. Le lieu du point C sera donc encore un ellipsoïde, *en négligeant les infiniment petits du second ordre.*

FIN

TABLE DES MATIÈRES

CHAPITRE PREMIER

Théorie élastique de la lumière

CHAPITRE II

Théorie électromagnétique de la lumière. — Comparaison de cette théorie avec la théorie élastique

CHAPITRE III

CHAPITRE IV

Étude des interférences

CHAPITRE V

Théorie de la réflexion. – Réflexion vitreuse

CHAPITRE VI

Propagation rectiligne de la lumière

CHAPITRE VII

Principe de Huyghens

CHAPITRE VIII

Problème général de la diffraction. — Hypothèses de Kirchhoff

CHAPITRE IX

Diffraction des ondes convergentes

CHAPITRE X

Théorie de la dispersion de Helmholtz

CHAPITRE XI

Dispersion et absorption de la lumière par les milieux anisotropes

CHAPITRE XII

Polarisation rotatoire. — Théorie de M. Mallard

Tours. — Imprimerie DESLIS FRÈRES.